諫早湾干拓事業の公共性を問う

歴史的経緯とその利権構造をえぐる

宮入興一

花伝社

諫早湾干拓事業の公共性を問う――歴史的経緯とその利権構造をえぐる◆目次

はじめに

諫早湾干拓事業の潮受け堤防は、一九九七年四月、ギロチンと呼ばれた二九三枚の鋼板によって締め切られました。それから二六年の歳月が経過しました。しかし、干拓工事が進むにつれ、赤潮や貧酸素水塊が頻発するようになり、漁船漁業・採貝漁業の壊滅的打撃、ノリ養殖の著しい不振と地域格差など、海に異変が生じてきました。この海洋環境の悪化は「有明海異変」と呼ばれ、これに対して、沿岸四県の漁業者らは水門の開門を求めて訴訟を起こしました。一方、その後干拓地に入植した営農者が開門差止めを求めて提訴するなど、複雑な「訴訟合戦」が続いてきました。しかし、その間にも、有明海の環境悪化は進み、漁民は追い詰められ、地域は疲弊の度を深めています。

本書の課題は、このような深刻な問題を生み出している諫早湾干拓事業（以下、諫干事業とも略す）を、今日の時点で、公共事業の「公共性」の観点から改めて問い直し、事業の失敗とその原因の本質を解明するとともに、諫干事業の行財政の特徴を検証し、それらを踏まえて、有明海の漁業と周辺地域の経済社会の再生の方途を解明することです。

本書の六つの課題

具体的には次の六つの検討課題を明らかにすることが大切です。

第一は、諫干事業の歴史的経緯をたどることです。諫干事業は、最初の構想から約七〇年、現計画になってからも三五年以上、さらに事業終了からも一五年が経ちます。この間、表看板である事業の「目的」は様々に差し替えられてきました。しかし、この事業が、農林水産省を主管とする大規模干拓事業であって、かつ、それが潮受堤防によって外海と切り離され、干拓地周辺に調整池を設ける「複式干拓方式」という大規模公共土木事業である点では一貫してきたことを明らかにします。

第二は、諫干事業の公共事業としての正当性と合理性を検証することです。そのためには、諫干事業の「費用対効果」評価について再検討する必要があります。「費用対効果」評価の一つの手法は「費用便益分析」（cost-benefit analysis）といわれるものですが、農林水産省による諫干事業の費用便益分析はさまざまな欺瞞に満ちていました。それらの欺瞞性を取り除くと、諫干事業は、公共事業としての正当性と合理性を欠いた「欠陥事業」であることが明白となります。

第三は、諫干事業をめぐる利害集団の存在とそれらの癒着構造、及びその癒着構造に巻きこまれた有明海周辺地域の利権構造を究明することです。諫干事業は、本来の公共事業としての資格を欠く「欠陥事業」でした。しかし、それを覆い隠すために、次々と問題点を糊塗し、あるいは課題の解決を先送りしてきました。そのことが、「有明海異変」などの海洋環境の悪化を生みだし、その傷を一層拡大させる元凶となったのです。この病弊の根幹には、諫干事業をめぐる「政・官・業」（政治家・官僚組織・業界）の利権集団の複雑な癒着構造（いわゆる「鉄の三角形」）が、中央から地方にまで張り巡らされていたことがあります。この利権と癒着の構造を徹底的に解明することが必要です。

第四は、財政負担転嫁構造を明らかにすることです。諫干事業は、国営干拓事業ですが、その財政負担は国だけで全部担うわけではありません。国のほかに、長崎県と、「受益者」として位置づけられた干拓地への入植農民の三者で負担します。その場合、国の財政負担が最も大きいのですが、県と農民の負担も小さくはありません。そこで、事業を促進するために、国（農水省）は県と一体となって、県負担と農民負担を国費負担に付け替えるルール違反ともいうべき様々な仕掛けを講じました。その仕掛けの解明が必要です。

第五は、「有明海再生」を口実にした新たな公共事業の実態を解明することです。有明海の環境悪化と地域の疲弊が進み「有明海異変」が深刻化するなかで、有明海の環境再生を根本から実現するのではなく、「有明海再生」を名分として新たな日本型公共事業の再現が図られています。今日、その実態を暴き出すことが緊急の重要課題となっています。

第六、最後に諫干事業が海洋環境にあたえているマイナスの影響、「有明海異変」と漁業被害だけでなく、干拓地入植農民に与えている農業被害や、地域経済社会への被害をも克服して、真の「環境再生」を図るための政策を提起することです。いわば、二〇世紀の「環境破壊・寄生型の公共事業」ではなく、二一世紀の「環境保全再生・維持可能社会形成型の公共事業」を目指す課題です。

1　諫早湾干拓事業の概要と目的及び経緯

1　諫早湾干拓事業の概要

まず、諫早湾干拓事業の概要を明らかにしておきましょう。諫早湾は、九州最大の海域である有明海（約一七万ヘクタール）の中でも最大の内湾（約一万ヘクタール）です（図1）。諫早湾干拓事業は、この諫早湾の約三分の一、三五五〇ヘクタールの泥質干潟を約七キロメートルの潮受け堤防で有明海から締切り、その内部に「複式干拓方式」により二六〇〇ヘクタールの調整池と九四二ヘクタールの干陸地（農地）を造成しようとする農林水産省の「国営土地改良事業」です。これによって「優良農地の造成」と「防災機能の強化」という、事業の二つの「目的」が可能になるとされてきました。

しかし、この事業「目的」は、本当に的を射たものでしょうか。そのことを明らかにするためには、まず、諫早湾干拓事業の経緯と変遷を見ておくことが肝要です。事業の経緯と変遷の中に、この事業の本質と、計画変更の背景や問題点も浮かび上がってくるからです。

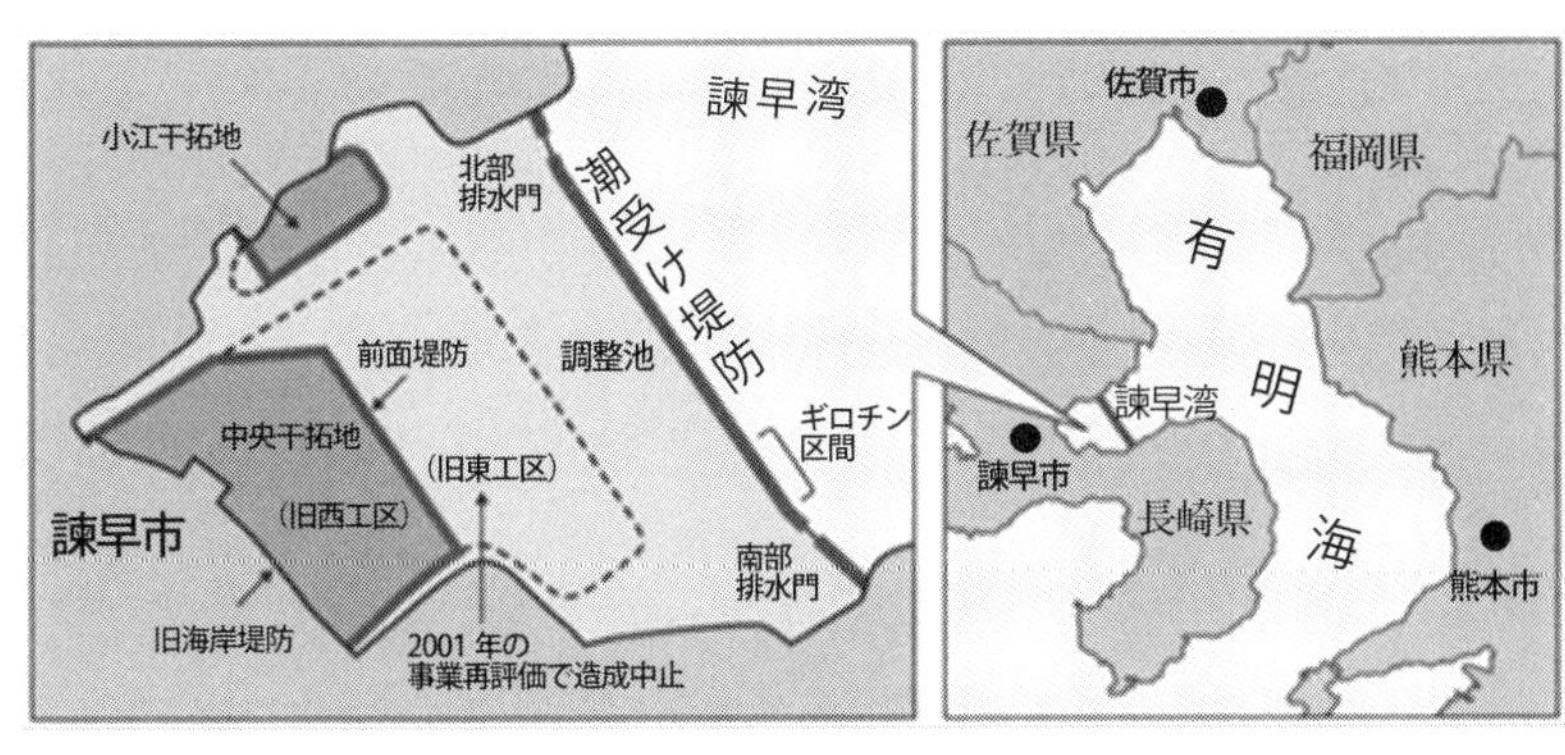

図1　諫早湾干拓事業の概要
出所：有明海漁民・市民ネットワーク

2　諫早湾干拓事業の経緯と名目上の「目的」の変遷

諫早湾干拓事業の最初のきっかけは、一九五二年、当時の西岡竹次郎長崎県知事によって提唱された「長崎大干拓構想」でした（表1）。この構想は、第二次大戦後の食糧不足解消のため米の増産を主要な目的としていました。そのために、諫早湾の湾口を一〇キロメートルの長大な堤防で締切り、一・二万ヘクタールの干陸地とダム湖を造成しようとする現行の計画の三倍以上もの巨大開発構想でした（上掲、図1）。しかし、その後、米余りが生じ農業政策が転換すると、水田開発は時代遅れとなりました。本来ならば、大干拓構想は、この時点で中止されるべきだったのです。

ところが、あくまで干拓事業に固執する農林水産省と長崎県は、複式干拓事業としての大規模公共工事の中身はそのままに、事業の名目だけを変更したのです。すなわち、一九七〇年に、「水と土地づくり」を謳い文句として、多目的干拓である「長崎南部地域総合開発計画」（いわゆる「南総計画」）に衣替えしました。大規模複式

表1　諫早湾干拓事業略年表（その1）

年	主　な　事　項
1952	西岡竹次郎・長崎県知事、長崎大干拓構想を発表
1957	諫早水害（死者・行方不明者539人）
1965	長崎干拓実施計画書完成（締切面積10,094ha,干陸面積7,299ha）
1970	長崎南部地域総合開発計画（「南総」）として再発足（締切面積10,094ha,干陸面積6,900ha）
1982	金子岩三・農林水産相が南総打切りを表明 長崎豪雨災害（死者・行方不明299人）
1983	「防災干拓事業」として規模縮小へ（～86全体実施設計作成）
1986	湾内12漁協、湾外11漁協と県、漁業補償協定に調印、環境アセス実施 。金子岩三農水大臣のもとで政治決着 「国営諫早湾土地改良事業計画」（「当初計画」、総面積3,550ha）決定
1989	潮受け堤防等の工事に着手
1997	潮受け堤防締切り（いわゆる「ギロチン」にて遮断）
1999	潮受け堤防完成 「変更計画（第1次）」、総面積：3,550ha,干陸地：1,840ha,農地：1,415ha）
2001	ノリ凶作、漁民7,500人、漁船1,500隻で海上デモ/工事ゲート封鎖 農水省、「有明海ノリ不作等対策関係調査検討委員会」（「ノリ第三者委員会」）を設置 、八津農水大臣、工事の一時中止表明 九州農政局・国営事業再評価第三者委員会が 諫早湾干拓事業の再評価実施 農水省、「縮小見直し案」を提示 ノリ第三者委員会、2ヶ月、半年、数年と段階的に進む開門調査を提言
2002	農水省、ノリ漁業者らの抗議の中、10ヵ月半ぶりに工事再開 有明海漁民2,000人、漁船600隻で海上デモ 農水省、短期間開門調査を実施(4/24～5/20) 農水省、「変更計画（第2次）」（総面積：3,542ha、干陸地：942ha、農地：693haに縮小）を決定

表1　諫早湾干拓事業略年表（その2）

年	主な事項
2003	ノリ第三者委員会、最終報告とりまとめ
	農水省、中長期開門調査検討委員会を設置
2004	亀井農水相、中長期開門調査実施見送りを表明
	佐賀地裁、諫早湾干拓事業の工事中止を命じる仮処分決定
2005	福岡高裁、佐賀地裁の仮処分決定を取り消し
	公害等調整員会、専門委員会報告をくつがえし、データ不足のため因果関係を設置特定できないとの裁定
	最高裁、福岡高裁の決定を承認
2006	九州農政局、再評価第三者委員会、諫早干拓事業の「継続」を答申
2007	営農者の公募と決定（45経営体）。諫干工事完工式（2,533億円）
2008	長崎県と長崎県農業振興公社がリース契約締結公表（期間5年）
	佐賀地裁、開門決定判決。国は控訴
2010	福岡高裁、開門判決。国上告せず開門判決確定
2011	開門反対派、開門差止仮処分及び本訴提起（長崎地裁）
2013	開門差止仮処分決定
	開門決定判決から3年の待期期間が経過。国、確定判決の開門命令に従わず
2014	佐賀地裁、国の請求異議を棄却
2015	最高裁、漁業者側の間接強制と、開門阻止派の間接強制の両方を認める決定
2017	長崎地裁で和解協議始まるが決裂（開門阻止派、非開門を譲らず）
2018	干拓地営農者2名が、被害救済を求めて提訴。農業振興公社、干拓地明渡し提訴
	干拓地入植経営体41体中、10年間で11体撤退（その後13体に増加）
	福岡高裁、請求異議控訴審訴訟で、国に逆転勝訴判決

表1　諫早湾干拓事業略年表（その3）

年	主な事項
2019	最高裁、諫早湾内漁民の開門訴訟（第一陣）上告却下
	最高裁、請求異議控訴審訴訟で福岡高裁に差戻し、漁民側逆転勝訴判決
2021	福岡高裁、差戻審で、「和解協議に関する考え方」を公表。地元・全国から多数の指示表明
	国は頑なに「非開門」に固執。和解協議は不調に終る
2022	福岡高裁、差戻控訴審で、開門強制執行の「権利濫用」判決
2023	最高裁、福岡高裁判決を容認、決定

資料：（財）諫早湾地域振興基金『諫早湾干拓のあゆみ』同基金、1993年、各種新聞　事業計画等、より作成。

干拓方式という公共事業の中身と本質は変えないまま、表看板だけを、従来の「水田開発」から、「都市や産業の用地と用水の確保」という、高度成長期型の地域開発に架け替えたのです。しかし、「南総計画」は、その後のオイルショックによる経済情勢の変化と、漁民の粘り強い反対運動によって、一九八二年には打切られました。これによって諫干事業の命脈は完全に尽きたかに見えました。これが、諫早湾干拓事業中止の第二の転機でした。

ところが、あくまでも諫干事業に執着する農林水産省と長崎県は、今度は「防災」を旗印に、またもや表看板を「防災干拓事業」に架け替えたのです。その口実として持ち出されたのが、同じく一九八二年の七月二三日、長崎地域一帯を襲い、二九九人の死者・行方不明者を出した「長崎大水害」の生々しい記憶でした。多数の犠牲者が出ただけではなく、長崎市街地では中島川に架かる重要文化財の眼鏡橋をはじめ歴史的な石橋群がすべて大洪水のために崩壊、郊外部では土砂災害で家屋や道路の被害が相次ぎました。実は、この長崎大水害とよく似た大水害が、それより二五年前の一九五七年、諫早市の本明川とその中流域の諫早市街地で発生し、約五四〇人もの犠牲者を出していたのです（「諫早水害」）。長崎大水害は、諫早地域の人々に、二五年前の諫早水害の惨劇を思い出させました。

諫干事業を推進しようとしていた農水省と長崎県は、これを千載一遇のチャンスととらえて利用しようとしました。国と県は、それまで諫干事業に強く反対してきた漁民や漁協に対して、「人の命が大切か、ムツゴロウの命が大切か」と迫ったのです。「防災対策」を口実として、干拓事業を一気に推し進めようとしたのです。すぐ後に指摘するように、諫干事業のこの「防災対策」なるものは、実は誇大広告であって、相当割引いて評価されるべきものだったのです。しかし、当時の諫早地域の人々は、また、事業に強く反対してきた漁民らも、口実として持ち出された「防災対策」を真に受けて、次第に妥協を迫られていくことになりました。一九八五年には、最初の計画の三分の一の現行規模に縮小することで、漁民らの反対を押し切って政治決着がなされたのです。こうして、一九八六年には、当時の金子岩三農林水産大臣（後の金子原二郎長崎県知事の実父）の下で、諫干事業は「国営諫早湾土地改良事業」として正式に発足しました。その背景には、八郎潟などの戦後の大規模干拓事業が終わりを告げ、農水省が抱えていた約八〇〇〇人の干拓技術者の失業対策という思惑もあったといわれています（山下弘文、一九九八）。諫早湾干拓事業は、農水省期待の最後の大干拓事業だったのです。以後、一九八九年の潮受け堤防の工事着手、干拓工事の本格化、九七年の潮受け堤防の締切り（いわゆる「ギロチン」による遮断）、二〇〇〇年の「有明海異変」、ノリ被害深刻化、二〇〇二年の短期開門調査へと続きます。

これ以降の事業の経緯については、以後の事業の説明の中で必要に応じて指摘します。ただ、ここで強調したいことは、諫干事業は、最初は「水田開発とコメ」、次には「用地と水資源開発」、さらに「防災と優良農地造成」へと事業の表向きの「目的」を次々と変えながらも、農林水産省が主管する「大規模複式干拓事業」という事業の中身と本質だけは不変のまま、今日まで七〇年以上も継続されてきたということです。こうした古色蒼然たる事業が、一体、公共事業としての「公共性」を保持しうるかが問われなければならないのです。

3　諫早湾干拓事業の「目的」──「優良農地の造成」と「防災機能の強化」は本当か？

（1）「優良農地の造成」：広大で平坦な農地がセールスポイント──その真相は？

諫干事業は、一四〇〇ヘクタール以上の広大で平坦な農地が造成され、これを農水省や長崎県も「優良農地」と高く評価しています。しかし、「広大で平坦」という一点を除けば、諫干事業の農地はむしろ「劣等農地」であることが次第に明らかとなってきました。

第一に、諫早湾の干拓地の農地は、泥干潟に由来する重粘土質のため排水不良が常習化し、乾燥期には土壌が硬化してカチカチ、雨季には軟弱化してドロドロ、平時でも水はけが悪いため農作業が著しく妨げられています。

第二に、農業用水は当初、調整池の水を使用することになっていました。しかし、滞留水である調整池では水質悪化が進み、アオコが大量に発生するなど清浄な農業用水は調整池の中からは確保できず、かろうじて本明川の河口からの取水に頼らざるを得なくなっています。

第三に、カモなどの野鳥による食害が著しく、特に葉物の野菜には冬場に大きな野鳥被害が出ています。かつて干潟があったころは、渡り鳥や野鳥は、大量にいる干潟のゴカイやカニなどの小動物や海藻類を餌にしていました。いまは干潟がすべて消滅してしまい、そこからの餌が得られないために、干拓農地の作物に被害が集中的に出ているのです。

第四に、調整池との気象の関係で、干拓農地は、夏場は気温上昇が著しく熱害が、反対に、冬場は気温が低下して冷害や霜害が生じ、農作物の被害が甚大となっています。

以上のように、諫早湾干拓地の農地は、「優良農地」どころか、「欠陥農地」であることが露呈してしまい、営農の先行きも明るくはありません。これに対して、干拓農地の貸し手である長崎県農業振興公社も長崎県自体も、根本的な解決策を怠っているため、干拓地での農業をあきらめて撤退する農家も少なくありません。現在、国、長崎県、長崎県農業振興公社に対して、諫早湾潮受け堤防の開門と欠陥農地の損害賠償を求めて、三法人、一個人の干拓農民による訴訟が起こされるほどになっています。

写真１：調整池に発生した大量のアオコ（写真上部）（提供　西日本新聞社）

写真２：諫早湾干拓地のダイコン畑一面がカモの食害でほぼ全滅に（写真　北園敏光）

（2）「防災機能の強化」は期待できるのか？

では、諫早湾干拓事業の最大の目玉である「防災機能の強化」は期待できるのでしょうか。農水省の説明によれば、潮受け堤防の設置によって諫早湾を締め切り、調整池の水位を人為的にマイナス一メートルに管理すれば、日常的に自然排水ができ、洪水時にも、外海の潮位の影響を受けずに調整池に貯水し、潮が引いた後で排水すれば、洪水対策も可能だとするものでした。しかし、諫干事業の「防災効果」には、大きな間違いや不十分性があります。

第一に、潮受け堤防による複式干拓方式が、唯一の防災対策ではないという事実です。確かに、潮受け堤防は、標高七メートルの高さがあり、高潮の防災に一定の効果があることは否めません。しかし、全国でもまた隣接の佐賀県、福岡県、熊本県など九州のどの県でも、高潮に対する最も一般的かつ確実な方法は、既存の海岸堤防や河川堤防の嵩上げと強化、河川水門の設置であって、複式干拓方式でやっている例は皆無です。むしろ、複式干拓方式は、河川と海洋との連続性を遮断し、汽水域を消滅させ、自然環境と生物循環や生態系を破壊します。仮に潮受け堤防が高潮に対して防災効果を持つとしても、今日では気象予想科学の進歩が著しく、事前の台風予測に対応して、潮受け堤防の事前管理により高潮を防止することは十分可能です。

第二に、最も重要な問題は、肝心の諫早水害レベルの洪水防止対策に、潮受け堤防と調整池の水位管理では防災効果がまったくないことです。なぜなら、諫早湾干拓計画による洪水

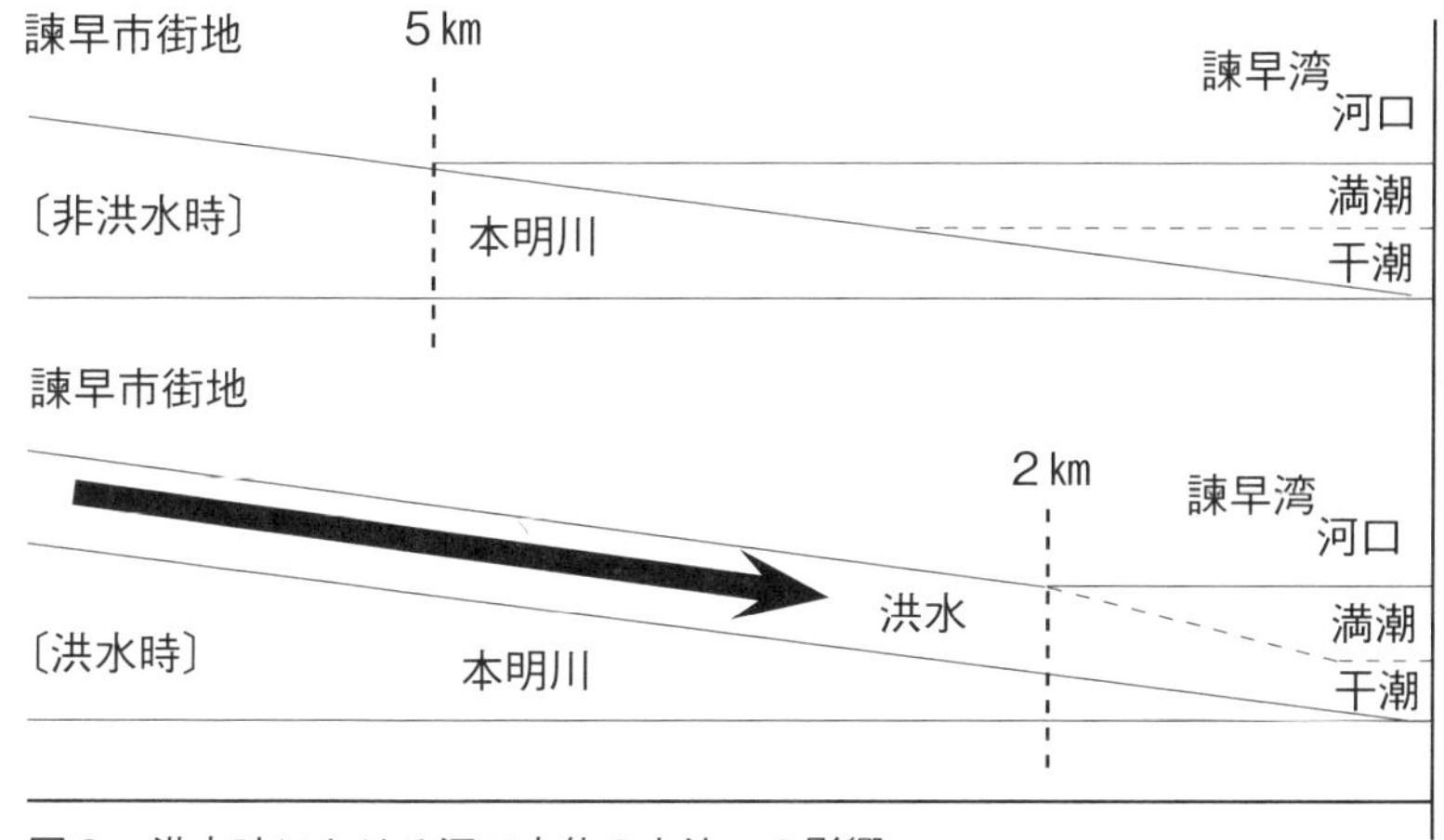

図２　洪水時における河口水位の上流への影響

（注）①非洪水時は、潮の遡上は河口から５㎞に及ぶ。
②洪水時は、河口の潮位が洪水に与える影響は２㎞まで。
2㎞より上流の川の水位は、潮位とは無関係。

出所：ラムサール・ネットワーク日本他（2011）『諫早湾開門、本当に大丈夫なの？』WWFジャパン。

防止効果は本明川の河口から二キロメートル程度上流までしか届かないからです。ところが、一九五七年の諫早水害で大きな被害を受けた諫早市街地は河口から五キロメートル以上も上流にあり、調整池の洪水防止効果はそこまでは及びません。

洪水時には、大量の雨水が上流から流れ込み、河道の抵抗が生じるため、流れに傾斜が生じ、潮汐によって河口の推移が変化しても、上流にさかのぼるにつれ、洪水の水位への影響は小さくなります。水理学では、これを「収斂」と呼びます。そのため、河口の水位の変化は約二キロメートル上流までにしか影響を及ぼしません。河口の潮位の変化と、五キロメートルも上流にある諫早市街地での洪水は関係なくなるのです（図２）。現に政府も、国会議員の質問主意書に対する答弁書の中で、「本明川に係る工事実施基本計画は、当該河川についての洪水、高潮等による災害の発生防止という目的を達成できるように策定しており、潮受け堤防の存在を前提としているものではない」（傍点、著者）、と明言しています（宮入、二〇〇一）。本明川の洪水、高潮対策に関する限り、諫早湾干拓事業の潮受け堤防とは無関係であることを、政府も自ら認めているのです。

第三に、そうであるとすれば、「防災機能」のうち残るのは、せいぜい低地の排水対策だけです。しかし、排水対策だけであれば、大規模な複式干拓や調整池に頼らなくても、排水路を広げ、その浚渫を行い、排水ポンプと排水機場を設置すれば、それで対応は十分可能です。実際、全国の他の干拓地や低地では、そのような方法で排水効果をあげているのです。大雨後の河川の逆流による内水氾濫については、潮受け堤防と調整池の水位管理では基本的に対応不可能です。内水氾濫については排水ポンプの増設以外に方法はありません。現に、諫早湾干拓事業の場合でも、潮受け堤防設置後も、対策として排水ポンプを増設しています（菅波、二〇二一）。

以上、要するに、諫干事業の最大の目玉とされる「防災機能の強化」についてさえ、現行の潮受け堤防による複式干拓方式は唯一の方式ではなく、また最大の「売り」であったはずの「洪水防止」対策についても、まったく効果がないことが判明したのです。しかも、さらに問題なのは、諫早湾干拓事業では、複式干拓方式以外のいかなる代替案も、今日まで何ら検討された形跡がないことです。諫干事業のように極めて大規模で環境破壊や絶対的損失が予想される開発事業で、代替案の検討を怠ったまま、一九五〇年代の長崎大干拓構想や、七〇年代の開発計画の延長線上で、古色蒼然たる複式干拓方式の大干拓事業に固執し続けてきた点に、農水省のこの干拓事業が「公共性」を失った致命的な原因があったといっても過言ではないでしょう。

4　諫早湾干拓事業の変遷と有明海の環境悪化

では、現在の諫早湾干拓事業の変遷を、もう少し具体的に辿ってみることにしましょう。

現行の諫早湾干拓事業は、一九八五年八月に、漁民との間で政治決着した後、一九八六年一二月、「国営諫早湾土地改良事業」として正式に計画決定されました。「当初計画」の概要は、表2にみられるように、総面積はかつての干拓構想の約三分の一に当たる三五五〇ヘクタール、総事業費は一三五〇億円と見積もられました。その後、工事のための各種調査等をへて、一九八九年から潮受け堤防などの工事着工がなされ、九七年には、いわゆる「ギロチン」と呼ばれる二九三枚の鋼板で潮受け堤防が締め切られました。一九九九年には潮受け堤防が完成し、次いで内部堤防が起工されました。この段階で、建設コストの高騰や工程変更などを口実として、「第一次変更計画」が組まれました。締切り面積は当初計画と同じ三五五〇ヘクタール、調整池面積や干陸面積もほぼ変わりのないまま、事業費だけが一三五〇億円から二四九〇億円へ、一・八四倍も引き上げられたのです。

写真３：いわゆる「ギロチン」と呼ばれた293枚の鋼板によって潮受堤防は締め切られた（提供　朝日新聞社）

写真４：漁民による開門を求める海上デモ（提供　朝日新聞社）

表2　諫早湾干拓事業の変遷（単位：ha、億円）

区分	当初計画 1986年	第1次変更計画 1999年	第2次変更計画 2002年
締切面積（ha）	3,550	3,550	3,542
調整池面積	1,710	1,710	2,600
造成面積	1,840	1,840	942
造成面積内訳（ha）			
堤防面積	205	186	126
干陸面積	1,635	1,654	816
農用地・宅地等	1,428	1,415	693
道水路等	207	239	123
総事業費（億円）	1,350	2,490	2,460
事業完了予定年度	2000年度	2006年度	2006年度

出所:会計検査院（2003）『平成14年度特定検査対象検査　諫早湾干拓事業』

しかし、このころから、干拓工事に基因するとみられる有明海の海洋環境の悪化が次第に深刻になり始めました。特に二〇〇一年にはノリ凶作が深刻となり、七五〇〇人もの漁民が一五〇〇艘の漁船で海上デモを行い、工事ゲートを封鎖するなどの事件が発生しました。

こうした事態を受けて、農水省は省内に「有明海ノリ不作等対策関係調査検討委員会」（いわゆる「ノリ第三者委員会」）を立ち上げ、事業再評価を行いました。ノリ第三者委員会は、二〇〇一年八月、激論の末、「環境への真摯かつ一層の配慮を条件に事業を見直されたい」、とする答申を出しました。しかしこの答申には、「社会経済の変動が激しい今日、（中略）事業遂行に時間がかかり過ぎるのは好ましくない。英知を尽くして取り組むことが緊要である。」、とする条件が付けられていました（農水省九州農政局、二〇〇二）。この答申を受け、農水省は素早く動きました。「環境への真摯かつ一層の配慮を条件に事業を見直されたい」という指摘について、農地造成面積を約半減し、その分調整池の面積を倍増するという作為的手法を行使し、「環境への配慮」をしたとかたくなに主張して、二〇〇二年六月、「第二次変更計画」を打ち出したのです（表2）。しかも、干拓地面積を半減したにもかかわらず、総事業費は二四六〇億円と、第一次変更計画とほぼ同額のままだったのです。

もっとも、「第三者委員会」は、二〇〇一年一二月、開門調査について、諫干事業が有明海全体の環境悪化に大きなインパクトを与えていると想定されるとして、開門調査にあたっては、「開門は出来るだけ長く、大きいことが望ましい」としていました。そのため、短期・中期・長期の開門調査が必要であるとの「見解」を表明しました。さすがの農水省も、この「見解」を完全に無視するわけにはいかず、長崎県等と協議したと報じられています。しかし、長崎県は農水省の受け入れを再三拒否、二カ月の短期開門のみで一応合意したとされています。その結果、農水省は、二カ月間の短期開門調査だけをアリバイ作り的に実施しただけで、本格的な開門調査は行わないまま、その後「ノリ調査委員会」を早々に解散させてしまったのです。

この「ノリ調査委員会」の答申や見解が真面目に実施されていれば、その後の「有明海異変」の解明に多大な寄与をもたらしたことは間違いありません。しかし事実は逆に、農水省と長崎県は自ら主導して、有明海の海洋環境の悪化原因に対する真相解明の足がかりを外してしまったのです。

2　諫早湾干拓事業の公共事業としての正当性と合理性――「費用便益分析」を中心に

公共事業の「公共性」

「公共事業」は英語では、〝Public Works〟といいます。要するに、「公共性」を持ったハード・ソフトな事業や仕事という意味です。ここで事業の「公共性」とは、その事業が社会的に有用であり、かつ特定の集団や人びとに占有されず、外部の環境等に対して被害や悪影響を与えず、すべての選択肢の中で最も効果的・合理的で、かつ民主的な仕方で事業が決定されることを意味します。ただし、ここでは、諫早湾干拓事業のすべての「公共性」について詳しく吟味するゆとりはありませんので、特徴的ないくつかの点について検討したと思います（公共事業の「公共性」と諫早湾干拓事業との関係については、（宮入、一九九八）参照）。

1　諫早湾干拓事業の「費用対効果」評価――「費用便益分析」の実態

諫早湾干拓事業の正式名称は、土地改良法に基づく「国営諫早湾土地改良事業」です。土地改良事業は、「事業のすべての効果がすべての費用を償うこと」（B／C＝1以上：Bは効果、

表３　諫早湾干拓事業の「費用対効果」評価の変化（単位：百万円、%、小数）

		当初計画		第１次変更計画		第２次変更計画		再評価（2006）	
		百万円	%	百万円	%	百万円	%	百万円	%
年効果額	作物生産効果	2,640	31.0	3,012	18.5	1,293	9.7	1,054	9.9
	維持管理費節減効果	-145	-1.7	-302	-1.9	-275	-2.1	-264	-2.5
	災害防止効果	4,040	47.5	9,563	58.8	9,256	69.1	7,311	69.0
	一般交通経費節減効果	499	5.9	700	4.3	700	5.2	691	6.5
	国土造成効果	1,478	17.4	3,299	20.3	2,415	18.0	1,803	17.0
①	合　計	8,512	100.0	16,272	100.0	13,389	100.0	10,597	100.0
②	妥当投資額	138,452	—	258,779	—	212,456	—	219,946	-
③	事業費	135,000	—	249,000	—	246,000	—	253,300	-
④	換算事業費	—	—	255,980	—	255,740	—	271,457	-
⑤	投資効率（②/③or④）	1.03	—	1.01	—	0.83	—	0.81	-

注：投資効率は、当初計画のみ妥当投資額　①÷還元率×（１＋建設利息率）　を事業費で除した小数値。
　　他は時価評価による④換算事業費で除した小数値

資料：農林水産省九州農政局（2006）『国営干拓事業・「諫早湾地区（基礎資料）』等より作成

Cは費用）を事業実施の適合条件としています（法第八条四項一号、施行令第二条三号）。諫早湾干拓事業の「費用対効果比率」（B／C）は、表3のように、当初計画では一・〇三と、この適合条件をやっとのことクリアしていました。しかし、第一次変更計画では一・〇一と合格点すれすれにまで低下し、ついに第二次変更計画では、〇・八三と適合条件を完全に割り込んでしまったのです。効果が費用を下回ってしまったのであり、こんな非効率な事業は、本来、実施する合理性がないはずです。にもかかわらず、農水省は、この適合条件は当初計画でのみ適用が義務付けられており、その後の変更計画では必要ないと主張したのです。変更計画を定めた条項には、当初計画を準用するという規定がないというのです。しかし、当初計画であれ、変更計画であれ、適合条件を充足できない限り、事業計画としては不合理というほかはありません。

2　諫早湾干拓事業の「費用対効果」評価のその他の問題点

諫早湾干拓事業の「費用対効果」評価には、そのほかにも見逃しえないいくつかの重大な問題点があります。

第一に、「効果」のうち、土地改良事業の本来の目的であるはずの「作物生産効果」は、前掲表3のように、当初計画では三一％と全効果のまだ三割をキープしていました。しかし、第一次変更計画になると一八・五％まで低下し、第二次変更計画に至っては九・七％と、全効果の一〇％を割り込んでしまったのです。干拓事業を担当する農林水産省構造改善局は、自ら監修して『解説　土地改良の経済効果』という解説書を出版しています。その中で、「農外効果が五〇％を超える事業は、法の趣旨から見て相応しくない。その際は他事業と共同で行うか、事業計画を改める必要がある」（農林水産省構造改善局、一九八八）、と指摘しています。諫早湾干拓事業のように、農業以外の効果が九〇％を超えるような事業が、法の趣旨から見て全く相応しくないことは明らかです。農水省もそのことを認めていたのです。

第二に、全効果の六九％に達し、最大の「効果」を発揮すると期待されているのが「災害防止効果」ですが、しかしそれ自体が、非常に過大評価されていることです。農水省の第一次変更計画では、「災害防止効果」のうち実に五三・一％もが既存堤防の被害軽減効果とさ

表４　諫早湾干拓事業の事業費と「社会的費用」との比較（単位：百万円、小数）

	区　分	百万円、小数
農水省推計	①　妥当投資額	212,456
	②　事業費	246,000
	③　換算事業費	255,740
	④　投資効率（①/③）	0.83
宮入推計	⑤　社会費用	561,307
	うち漁業被害費用	422,883
	浄化力喪失・水質悪化費用	138,424
	⑥　実質投資効率（①/（③+⑤）	0.27

注：本表は、第２次変更計画を基に推計。詳しくは、宮入(2006)を参照

れています。既存堤防は、諫早湾干拓事業の完成を前提として長期間放置されたまま、ほとんど無価値になっていました。そのボロボロの既存堤防が災害でほぼ全壊被害をうけ、これをほぼ無価値の時価評価ではなく、巨大な潮受け堤防と調整池で代替し、その新設の堤防の再建設費九〇三億円を「効果」として計上することによって、「堤防に対する災害防止効果」が全災害防止効果一七〇〇億円の五三・一％と半分以上を占めるとしていたのです。これは「災害防止効果」の過大評価というべきです（宮入、二〇〇一）。仮に既存堤防の災害防止ということであれば、諫早湾干拓事業のような巨大公共事業ではなく、全国どこでもそうしているように、海岸堤防や河川堤防の補強と排水ポンプの増設によって、もっと安上がりに防災効果を発揮することができます。そうした代替策も示さず、諫干だけが「複式干拓方式」に拠るべき合理的な理由は存在しません。

第三に、最大の問題は、稚魚の成育量・生産量が全国最大で「豊穣の海」、「有明海の子宮」と呼ばれた約三〇〇〇

ヘクタールもの諫早干潟の環境破壊コスト、すなわち「社会的費用」が完全に度外視されていることです。筆者の推計では、表4のように、漁業被害費用及び干潟浄化力喪失・水質悪化費用だけでも合計約五六〇〇億円と、換算事業費二五五七億円の実に二・二倍にも達します。この「社会的費用」を算入すれば、実質投資効率は〇・八三から〇・二七へと大幅に低下してしまいます。例えて言えば、最低一〇〇点とることが必要な試験で、農水省が自己採点する八三点どころか、実際には、完全に落第点の二七点しか取れていない状態なのです（宮入、二〇〇六）。

諫早湾干拓事業の「社会的費用」について、もう少し詳しく説明しておきましょう。

土地改良事業が要請する費用対効果分析は、公共事業にともなうすべての経済的「費用」を、すべての経済的「効果」と比較して、経済的な効率性を定量的に明らかにする一つの手法です。したがって、経済計算可能なすべての「効果」と、すべての「費用」が、可能な限り公正かつ科学的に算出され、両者が比較検討されなければなりません。仮に「効果」が不当に大きく、「費用」が不当に小さく算出されれば、その事業の「投資効率」は不当に過大となります。また、逆の場合は逆です。その際、見落とされてはならない重要な点は、公共事業の場合には、民間事業のような私的な「費用対効果（利益）」の関係ではなく、むしろ、「外部性」をもった広い意味での「社会的費用」対「社会的効果」の関係が肝要となります。この点が、公共政策の「費用対効果分析」の最大の特徴であるといってもよいのです。土地改良法施行令第

写真５：諫早湾干潟の破壊によるアサリ、カキなど魚介類の大量死（写真　富永健司）

写真６：有明海西南部の養殖ノリの深刻な色落ち（提供　朝日新聞社）

二条第三号の、「事業のすべての効用が全ての費用をつぐなうこと」、という法定基本要件の規定は、まさにこの意味において理解されなければなりません。

ところが、決定的に重要なことは、農林水産省の費用対効果分析においては、この肝心の「外部性」評価、とりわけ「社会的費用」が完全に無視されるか、不当に小さく見積もられているることです。逆に、「効果」は不当に高く見積もられ、その分「投資効率」は不当に大きく算定されて、費用対効果分析の基本要件を完全にクリアしているかのように取り繕うことが可能となっているのです。

ある経済主体の活動が、その活動とは直接関係のない他の主体や社会に便益や費用などを発生させることを「外部性」といいます。その外部性が、第三者や社会に便益をもたらす場合は、正の外部性（外部経済、社会的効果）と呼び、反対に、損害や費用をもたらす場合は、負の外部性（外部不経済、社会的費用）と呼びます。公共事業の場合も、例えば道路整備によって産業集積が進むと、集積のメリットが外部経済（社会的効果）を生じる一方、集積のデメリットが大気汚染などの公害や交通渋滞などの外部不経済（社会的費用）を発生させます。公共事業の場合は、こうした社会的効果と社会的費用を比較衡量することが大切です。諫早湾干拓事業の場合には、とくに約三〇〇〇ヘクタールという、東京都二三区の面積の五割弱にも匹敵する広大な干潟の破壊、それに伴う水質浄化機能の喪失や調整池の環境悪化、さらに、有明海の環境破壊による漁業被害やノリ養殖被害などの「社会的費用」が極めて大きな問題となっているのです。

諫早湾干拓事業の場合、最大の「社会的費用」は、繰り返し指摘したように、広大な諫早湾干潟の喪失です。諫早湾干潟の喪失は、一度失ったら復元が不可能な自然環境や希少資源のほか、それにともなう独自の有形・無形の歴史的・文化的遺産や景観の破壊と損失をもたらしました。これらは、一度喪失したら、事後的にいくら金銭的な補償をしても絶対に復元不可能な損失ですから、「絶対的損失」と呼ばれます（宮本、二〇〇七）。「絶対的損失」は諫早湾干拓事業のような開発行為をやめるか、仮に予防が可能な場合でも、十分な予防対策を講じなければならないのです。諫早湾干拓事業では、開発行為の中止はもちろん、十分な予防対策も講じられませんでした。諫早湾干潟は、有明海の中で最大級の最も貴重な干潟であり、豊穣の海・「有明海の子宮」と呼ばれ、有明海の中でも唯一無二の、特別重要な位置を占めていました。諫早湾干潟は、魚介類や鳥類などの生物多様性を支え、地域に固有の文化、歴史、生活と余暇の場を与え、精神的風土をも培ってきました。この「絶対的損失」こそが、諫早湾干拓事業の最大の損失、社会的費用なのです。

そのような「社会的費用」として、諫早湾干拓事業にとってとりわけ重要なのは、事業にともなう環境破壊の「社会的費用」です。なかでも最も重要なのは、①約三〇〇〇ヘクタールに及ぶ広大な諫早湾干潟の破壊にともなう、とくに干潟の水質浄化機能の喪失と調整池の汚濁化問題、②有明海の環境破壊による漁業被害やノリ養殖被害の慢性的拡大問題です。

図書出版 **花伝社**

——自由な発想で同時代をとらえる——

新刊案内

検証・コロナワクチン
実際の効果、副反応、そして超過死亡

小島勢二 著

2,200円(込) 四六判上製
ISBN978-4-7634-2068-8

超一流の臨床医によるコロナ医療の総括。
医師・科学者の良心の叫びを聞け!!
推薦:福島雅典(京都大学名誉教授)

日本における公開情報の分析から浮かび上がる、未曽有の薬害。
先端医療の最前線を行くがん専門医がリアルタイムで追い続けた、コロナワクチンの「真実」とは?

回避不能な免疫逃避パンデミック

ギアト・ヴァンデン・ボッシュ 著
渡邉裕美 訳

1,980円(込) 四六判並製
ISBN978-4-7634-2072-5

コロナワクチンは、私たちの免疫とウイルスをどう変化させてしまったのか?

ワクチンによる「免疫系の変化」と「感染性の高い変異株」の関係性を、ワクチン学・ウイルス学・免疫学・進化生物学の知見から徹底検証。ワクチン接種がもたらしている新たな事態、「免疫逃避パンデミック」の全貌を描く。ワクチン学エキスパートが提する、「ワクチン未接種・自然免疫系の強化」というこれからの変異ウイルスとの闘い方。

プライバシーこそ力
なぜ、どのように、あなたは自分のデータを巨大企業から取り戻すべきか

カリッサ・ヴェリツ 著
平田光美・平田完一郎 訳

2,200円(込) 四六判並製
ISBN978-4-7634-2074-9

まさにいま、あなたのすべて(あなたの住所・電話番号・配偶者や子どもの有無・銀行口座・健康状態・友人関係・性的指向・次にあなたが何をしようとしているかまで)が巨大IT企業と政府につかまれているかもしれない。

若きオックスフォード大学の俊英がわかりやすく解説する「監視資本主義」の脅威と解決策。英エコノミスト誌が選ぶ2019年ベストブック!

政治って、面白い!
女性政治家24人が語る仕事のリアル

三浦まり 編著

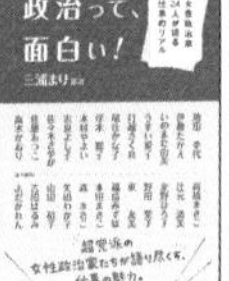

1,870円(込) 四六判並製
ISBN978-4-7634-2065-7

なんで政治家になろうと思ったの?
やりがいは?
どんな人が向いてる?
落選したらどうするの?
何から始める?

政治家ってキャリアになる?

地方議員から国会議員まで、超党派の女性政治家24人が語り尽くす“仕事の魅力”

書評・記事掲載情報

●朝日新聞　書評掲載　2023年5月13日

『毒の水』　ロバート・ビロット 著、旦 祐介 訳

世界的大企業のデュポンが、猛毒の化学物質を工場外に垂れ流していた。巨悪に気づいた米国の弁護士が市民のため、訴訟に挑む。18年の戦いの末に6億7千万ドルもの和解金を勝ち取り、政府も規制に乗り出した——

本書はその弁護士本人によるノンフィクション。問題の化学物質は、日本でも注目が高まりつつある「PFAS」という有機フッ素化合物だ。

もうこれだけで「映画化決定」の面白さなのだけれど（実際、されてます）、読みどころはもっとある。「自分がこの問題にどこまで関わるべきか」という著者の生々しい葛藤だ。＜中略＞

個人の幸せと社会正義、どちらを取るべきか。＜中略＞一歩踏み込んだときのしんどさを容赦なく教えられた一方で、勇気も（少しだけ）もらった気がした。

（評者：小宮山亮磨　本社デジタル企画報道部記者）

●朝日新聞　書評掲載　2023年5月20日

『クリエイティブであれ』　アンジェラ・マクロビー 著、田中東子 監訳

憧れの業界で働いたら、低賃金に長時間労働。いわゆる「やりがい搾取」だが、日本だけではなく西欧でも起きていた。

英国では1997年に誕生した新しい労働党政権時に、「創造性」への関心が急激に高まった。文化を創造経済に転換するという号令の下、若い女性がファッションや美容、音楽のメディアなどの「やりがいのある仕事」に向かい状況を描き出す。＜中略＞

フェミニズムの立場からカルチュラル・スタディーズを牽引してきた著者はこの創造性の「装置」を看破する。＜中略＞

クリエイティブ業界において、女性の労働が不安定になりやすい構造を分析する。

（評者：藤田結子　東京大学准教授・社会学）

●東京新聞　「MANGAウォッチ」欄 書評掲載　2023年6月26日

『ウクライナ・ノート』　イゴルト 作、栗原俊秀 訳

＜前略＞私たちは、ウクライナについて、ロシアについて、そこに生きる人々の暮らしについて、何を知っているだろうか。ここに紹介するのは、私たちが少しでも人々の生の手触りにふれるための手がかりである。＜中略＞

取材する中で見聞きしたこと、そこで出会った印象的な人々からじかに聞き取った体験を作品にしたものである。重い題材なのに非常に読みやすい。＜後略＞

（評者：藤本由香里）

花伝社ご案内

ご注文は、最寄りの書店または花伝社まで、電話・FAX・メール・ハガキなどで直接お申し込み下さい。
（花伝社から直送の場合、送料無料）

また「花伝社オンラインショップ」からもご購入いただけます。　https://kadensha.thebase.in

花伝社の本の発売元は共栄書房です。

花伝社の出版物についてのご意見・ご感想、企画についてのご意見・ご要望などもぜひお寄せください。

出版企画や原稿をお持ちの方は、お気軽にご相談ください。

〒101-0065　東京都千代田区西神田2-5-11 出版輸送ビル2F
電話　03-3263-3813　FAX　03-3239-8272
E-mail　info@kadensha.net　ホームページ　https://www.kadensha.net

治の内幕
抗の現場から

小西禎一、塩田 潤
福田 耕 著
1,980円(込) 四六判並製
ISBN978-4-7634-2064-0
なぜ選挙に「勝ち」、住民投票に「負ける」のか？
“橋下徹の右腕”と呼ばれた元大阪副知事、市民と研究者が明かす、「一強」を招いた要因と躍進のカラクリ。

ともに
た日本人の物語

永尾広久 著
1,650円(込) 四六判並製
ISBN978-4-7634-2073-2
実在の兵士の手記をもとに描かれた国策に翻弄される人々の真実の物語。召集、出征、敗戦…大陸に取り残された関東軍兵士が、生き残るために八路軍へ。国共内戦の中、満州各地を転々とする——

PFAS汚染に立ち向かった
ある弁護士の20年

ロバート・ビロット 著
旦 祐介 訳
2,750円(込) 四六判並製
ISBN978-4-7634-2056-5
日本でも注目の PFAS 汚染を知らしめた記念碑的名著、待望の邦訳！
長年隠されてきた事実を暴き、巨大企業を告発した一人の弁護士の、人生を賭けた壮絶な闘いの記録。

パオロ・パリージ 作
栗原俊英、
ディエゴ・マルティーナ 訳
2,200円(込) A5判変形並製
SBN978-4-7634-2075-6
「流行りのブラック・アーティスト」こなってたまるか。
夭折の天才、その孤高の生涯。アートが巨大資本に呑み込まれていく時代、ポップ・アイコンの宿命を背負ったバスキアは、何と闘ったのか。

新自由主義と日本政治の危機

森田成也 著
2,420円(込) 四六判並製
ISBN978-4-7634-2070-1
新自由主義の本当の狙いは何か

小選挙区制導入から三〇年。現在の政治的危機の全体像を歴史的に把握する、舌鋒鋭い論考群。

エルサルバドル内戦を生きて
愛と内乱、そして逃避行

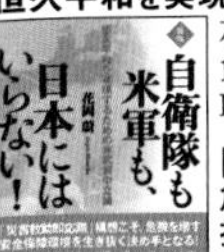

エスコバル瑠璃子 著
1,980円(込) 四六判並製
ISBN978-4-7634-2071-8
日本が浮かれていた時代、私はひとり、愛だけを頼りに、銃弾の雨が降る国に飛び込んだ
内戦下のエルサルバドルで目の当たりにした惨禍と、慈しむような日々の暮らし。時代を生き抜いた日本人女性の、圧倒的体験記。

新版 自衛隊も米軍も、日本にはいらない！
恒久平和を実現するための非武装中立論

花岡 蔚 著
1,650円(込) 四六判並製
ISBN978-4-7634-2061-9
「災害救助即応隊」構想こそ、危機を増す安全保障環境を生き抜く決め手となる！
理想と現実を両立させた画期的平和国家論が、ますますパワーアップして登場！

ロシア・ノート
アンナ・ポリトコフスカヤを追って

イゴルト 作、栗原俊秀 訳
2,200円(込) A5判並製
ISBN978-4-7634-2067-1
「ここでは、人の命には2コペイカの価値もない。」暗殺された記者が告発し続けた、ジャーナリズムが崩壊しゆくロシアの現実。ウクライナ侵攻の原型である、チェチェン紛争の想像を絶する非人道的な暴力を描いたグラフィック・ノベル。

好評既刊本

クリエイティブであれ
新しい文化産業とジェンダー
アンジェラ・マクロビー 著、田中東子 監訳
中條千晴、竹﨑一真、中村香住 訳
2,420円(込) 四六判並製 978-4-7634-2027-5
●クリエイティブ経済の絶頂期を、フェミニズムの視座から批判的に捉える。

私は男が大嫌い
ポーリーヌ・アルマンジュ 著 中條千晴 訳
1,650円(込)
四六判並製 978-4-7634-2055-8
●男嫌い(ミサンドリー)で、何が悪いの？ フランス発のフェミニズムエッセイ。

新型ワクチン騒動を総括する
これからの、コロナとの正しい付き合い方
岡田正彦 著
1,650円(込)
四六判並製 978-4-7634-2051-0
●冷静かつ中立的に科学的根拠に基づく、ワクチンを筆頭としたコロナ対策の総括。

ウクライナ戦争をどうみるか
「情報リテラシー」の視点から読み解くロシア・ウクライナの実態
塩原俊彦 著
1,870円(込)
四六判並製 978-4-7634-2057-2
●「情報リテラシー」の視点からウクライナ戦争の真相を明らかにする。

年間4万人を銃で殺す国、アメリカ
終わらない「銃社会」の深層
矢部 武 著
1,650円(込)
四六判並製 978-4-7634-2069-5
●相次ぐ乱射事件にも、なぜアメリカは銃を手放せないのか？ その深すぎる闇に迫る！

ジェンダー平等を実現する法と政治
フランスのパリテ法から学ぶ日本の課題
辻村みよ子、齊藤笑美子 著
1,870円(込)
四六判並製 978-4-7634-2058-9
●憲法学者と在仏ジェンダー法学者が、ジェンダー平等の進め方をフランスをもとに解説。

選択的夫婦別姓は、なぜ実現しないのか？
日本のジェンダー平等と政治
ジェンダー法政策研究所 編著
1,870円(込)
四六判並製 978-4-7634-2042-8
●日々の生活から政治のことまで、「選択的夫婦別姓制度」を横断的に考える。

現代フィリピンの地殻変動
新自由主義の深化・政治制度の近代化・親密性の歪み
原 民樹、西尾善太
白石奈津子、日下 渉 編著
2,200円(込) A5判並製 978-4-7634-2054-1
●現代フィリピンを、緻密なフィールド調査から多面的に描き出す。

インド哲学教室2 インドの唯名論・実在論哲学
大乗仏教の起源とことば
宮元啓一 著
2,200円(込)
四六判上製 978-4-7634-2063-3
●インド哲学を丁寧に解きほぐし、仏教と「ことば」の関係に迫る。

絶望の自衛隊
人間破壊の現場から
三宅勝久 著
1,870円(込)
四六判並製 978-4-7634-2039-8
●隠蔽と捏造の陰で横行する暴力、性犯罪、いじめそして自殺。
なぜ毎年新規採用者の1/3に相当、約5000名の自衛官が中途退職しているのか?

女性の自立をはばむもの
「主婦」という生き方と新宗教の家族観
いのうえせつこ 著
1,650円(込)
四六判並製 978-4-7634-2062-6
●政治と新宗教の癒着が作り出す「女性の貧困」の正体。推薦:田中優子(法政大学前総長)

未完の時代
1960年代の記録
平田 勝 著
1,980円(込)
四六判上製 978-4-7634-0922-5
●全学連委員長として目にした学生運動の高揚と終焉。50年の沈黙を破って明かす。

社会派翻訳コミック

ウクライナ・ノート
対立の起源

イゴルト 著
栗原俊秀 訳
2,200円(込) A5判並製
ISBN978-4-7634-2029-9
ウクライナとロシアの対立の原点は？
大飢饉「ホロドモール」を生き抜いた人々の証言。グラフィック・ノベルで描くウクライナ近現代史。

シベリアの俳句

ユルガ・ヴィレ 文
リナ板垣 絵　木村文 訳
2,200円(込) A5判変形並製
ISBN978-4-7634-0996-6
1940 年代、シベリアの強制収容所。極寒の流刑地で、少年は短く美しい日本の「詩」に出会う――実話を元に描かれた、リトアニア発のグラフィックノベル。

未来のアラブ人
中東の子ども時代(1978―1984)

リアド・サトゥフ 作
鵜野孝紀 訳
1,980円(込) A5判並製
ISBN978-4-7634-0894-5
第 23 回文化庁メディア芸術祭（文部科学大臣賞）マンガ部門優秀賞受賞。シリア人の父、フランス人の母のあいだに生まれた作家の自伝的コミック。

未来のアラブ
中東の子ども時代（198

リアド・サ
鵜野孝
1,980円
ISBN97
シリア
の6歳
文化庁
優秀賞

女奴隷たちの反乱
知られざる抵抗の物語

レベッカ・ホール 作
ヒューゴ・マルティネス 絵
中條千晴 訳
1,980円(込) A5判変形並製
ISBN978-4-7634-2038-1
歴史から抹消された、黒人女性たちの闘いがあった。黒人歴史学者が“史実”に挑む、異例のグラフィックノベル！

欲望の鏡
つくられた「魅力」と「理想」

リーヴ・ストロームクヴィスト 作
よこのなな 訳
1,980円(込) A5判変形並製
ISBN978-4-7634-2012-1
「なりたい自分」を求めて SNS を彷徨う現代人を描く！「美しさ」「魅力」「欲望」はどこからきて、これからどこへ向かうのか？「美しさ」をめぐる哲学的コミック！

未来のアラブ人3
中東の子ども時代(1985―1987)

リアド・サトゥフ 作
鵜野孝紀 訳
1,980円(込) A5判並製
ISBN978-4-7634-0940-9
ラマダン、ワイロ、割礼、クリスマス…… フランス人の母を持つシリアの小学生はイスラム世界に何を見たのか。世界的ベストセラー、衝撃の第3巻！

コバニ・コーリ

ゼロカ
栗原俊
1,980
ISBN
戦争と
イタリア
(IS)
シリア
のか。

21世紀の恋愛
いちばん赤い薔薇が咲く

リーヴ・ストロームクヴィスト 作
よこのなな 訳
1,980円(込) A5判変形並製
ISBN978-4-7634-0954-6
なぜ《恋に落ちる》のがこれほど難しくなったのか。古今東西の言説から現代における「恋愛」を読み解く、スウェーデン発、最新フェミニズムギャグコミック！

禁断の果実
女性の身体と性のタブー

リーヴ・ストロームクヴィスト 作
相川千尋 訳
1,980円(込) A5判変形並製
ISBN978-4-7634-0872-3
女性の身体をめぐる支配のメカニズム、性のタブーに正面から挑み、笑いを武器に社会に斬り込むフェミニズム・ギャグ・コミック！

リッチな人々
ミシェル・パンソン、モニク・パンソン=シャルロ 原案

マリオン・モンテーニュ 作
川野英二、川野久美子 訳
1,980円(込) A5判並製
ISBN978-4-7634-0934-8
あっちは金持ちこっちは貧乏、なんで？
フランスの社会学者夫妻による、ブルデュー社会学バンド・デシネ。推薦：岸政彦

KUSAMA
愛、芸術、そして強迫

エリー
栗原
1,980
ISBN
比類
術家
前衛
を鮮
フィッ

小さなベティと飛べないハクチョウ
ひとりぼっちのヤングケアラー

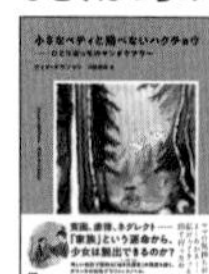

ディド・ドラフマン 作
川野夏実 訳
1,980円(込) A5判並製
ISBN978-4-7634-2032-9
貧困、虐待、ネグレクト――「家族」という運命から、少女は脱出できるのか？「幼き介護者=ヤングケアラー」の現実を描く、オランダの名作グラフィックノベル。

だれも知らないイスラエル
「究極の移民国家」を生きる

バヴア 編著
2,200円(込) A5判並製
ISBN978-4-7634-0989-8
イスラエル国内の分断・偏見・差別、移民 2 世・3 世が問われるアイデンティティ――
エッセイとグラフィックノベルで綴る、知られざるイスラエル。

わたしはフリーダ・カーロ
絵でたどるその人生

マリア・ヘッセ 作
宇野和美 訳
1,980円(込) A5判並製
ISBN978-4-7634-0926-3
「絵の中にこそ、真のフリーダがいる。」フリーダ・カーロの魅力と魔力。作品と日記をもとにフリーダの生涯に迫った スペイン発グラフィックノベル。

ゴッホ
最後の3年

バー
川野
2,2
IS
新た
き出
の
た
た

ホームレス救急隊
フランス「115番通報」物語

オド・マッソ 作
川野英二、川野久美子 訳
1,870円(込) A5判変形並製
ISBN978-4-7634-0994-2
「国境なき医師団」創設者がつくった路上生活者 24 時間支援組織、サミュ・ソシアルの挑戦
フランス発祥のホームレス緊急支援隊を描いたバンド・デシネ。

博論日記

ティファンヌ・リヴィエール 作
中條千晴 訳
1,980円(込) A5判並製
ISBN978-4-7634-0923-2
世界中の若手研究者たちから共感の嵐！高学歴ワーキングプアまっしぐら!?な文系院生が送る、笑って泣ける院生の日常を描いたバンド・デシネ。

見えない違い
私はアスペルガー

ジュリー・ダシェ 原作
マドモワゼル・カロリーヌ 作画
原 正人 訳
2,420円(込) A5判変形並製
ISBN978-4-7634-0865-5
第 22 回メディア芸術祭新人賞受賞作。アスペルガー女子の日常を描く、アスペルガー当事者による原作グラフィックノベル！

マッドジャー
ドイツ移民物語

ビ
山
1,
IS
モ
た
じ
3
の

郵便はがき

料金受取人払郵便

神田局
承認

7148

差出有効期間
2024年10月
31日まで

101－8791

507

東京都千代田区西神田
2-5-11出版輸送ビル2F

㈱花伝社 行

ふりがな お名前 お電話
ご住所（〒　　　　　　） （送り先）

◎新しい読者をご紹介ください。

ふりがな お名前 お電話
ご住所（〒　　　　　　） （送り先）

愛読者カード

このたびは小社の本をお買い上げ頂き、ありがとうございます。今後の企画の参考とさせて頂きますのでお手数ですが、ご記入の上お送り下さい。

書 名

本書についてのご感想をお聞かせ下さい。また、今後の出版物についてのご意見などを、お寄せ下さい。

◎購読注文書◎

ご注文日　　　年　　月　　日

書　　名	冊　数

代金は本の発送の際、振替用紙を同封いたしますのでそちらにてお支払いください。
なおご注文は TEL03-3263-3813 FAX03-3239-8272
また、花伝社オンラインショップ https://kadensha.thebase.in/
でも受け付けております。（送料無料）

農水省の費用対効果分析では、まず、①の諫早湾干潟の水質浄化機能の喪失及び調整池の汚濁化問題はまったく度外視されています。要するに「公権力の社会的費用」は完全に無視されているのです。

諫早湾干潟のように貝類やゴカイ類など底生生物の極めて豊かな干潟は、高い水質浄化能力を持っていることが知られています。アサリ一個は、一時間で一リットルの汚水を浄化します。干潟は「自然の浄化装置」にほかなりません。しかし干潟の浄化機能について、観測に基づいて定量化された事例研究は比較的少なく、特に潮受け堤防造成前の諫早湾干潟の事例研究は皆無でした。その後、佐々木克之らによって、潮受け堤防の造成によって失われた干潟浄化能力と調整池の汚濁化についてボックスモデルによる解析が進められました（佐々木、二〇〇六）。これは、干潟の浄化能力の喪失と調整池の汚染による水質悪化にともなうCOD（化学的酸素要求量）増加負荷量を、下水道施設によって除去するのに必要な一年間の代替コストで推計したものです。前掲の表4は、それをもとに、筆者が還元率で除して現在価値に引き直したものです。

農水省の費用対効果分析では、②海面漁業の被害及びノリ養殖の被害についても推計はされていません。これについては、農水省九州農政局統計部の「東シナ海域及び九州における漁業動向」及び佐賀県有明海漁業協同組合連合「乾海苔共販実績資料」の各年度統計による一九八五～二〇〇三年度の時期区分別減産額について、被害額として推計した値です。詳しい推計方法については、（宮入、二〇〇六）を参照してください。

以上のように、諫早湾干拓事業は、公共事業としての「正当性」と「合理性」を欠いているだけでなく、有明海の環境破壊、すなわち「有明異変」の真の原因へとつながる「環境破壊型・浪費型公共事業」であるといって間違いありません。

写真７：調整池から羽虫が大量発生（提供　西日本新聞社）

3 諫早湾干拓事業をめぐる利権構造と癒着構造、草の根の事業依存体質

1 事業の中止・転換の制度的装置を欠いた諫早湾干拓事業

では、諫早湾干拓事業のような重大かつ深刻な問題を抱えた大規模公共事業が、なぜ中止されたり、是正されたりしないのでしょうか。

その原因の一つは、大規模公共事業には、制度的に事業の中止や是正のための装置がほとんど付いてないからです。例えば、諫早湾干拓事業の場合、事業開始前に曲がりなりにも行われた「環境アセスメント」は、農水省自身によって「環境への影響は許容しうる範囲内」と書き換えられ、事業がそのまま推進されてしまいました。また、二〇〇一年に実施された「事業再評価」（いわゆる「時のアセス」）では、前章で触れたように、当時のノリ不作問題への批判を受け、ノリ第三者委員会から「環境への真摯かつ一層の配慮を条件に、事業を見直されたい」とされました。しかし、他方、「事業遂行に時間がかかり過ぎるのは好ましくない」として事業の推進を後押し、結局、事業の大枠はそのままに、干拓面積だけを半減し糊塗さ

れてしまったのです（表2中の「第二次変更計画」二〇〇二年、及び、有明海漁民・市民ネット（二〇〇六）の各論考を参照）。

さらに、ノリ不作を契機として農水省内に設置された「ノリ第三者委員会」の答申（二〇〇一年一二月）は、短期・中期・長期の開門調査を求めていました。しかしながら、これに対して農水省は、OB中心の別個の委員会を立ち上げ、中・長期開門に消極的な答申を出させ、二か月の短期調査だけの開門で、問題なしとして事業を強行してしまったのです。

要するに、諫早湾干拓事業は、ブレーキのついていない自動車のようなもので、制度的に有効な中止・是正装置が装着されていないのです。その結果、「走り出したら止まらない」公共事業となってしまうのです。しかも、「環境アセスメント」や「時のアセス」（事業再評価）、また事業検討委員会にしても、それらは農水省内部の官僚機構の手の中で処理され、事業の中止、是正の権限を持った外部の厳正な第三者独立機関の評価がないことが、事業の中止や修正ができない、根本的な制度的失敗の要因となっているのです。

2　諫早湾干拓事業をめぐる利権構造と癒着構造

いま述べた制度的要因に加えて、重大な問題を抱えた大規模公共事業が中止や是正できない最も重要な実態的要因は、事業をめぐる政治家、官僚、業界の利権・癒着構造（いわゆる

「政・官・業（財）の鉄の三角形」）の存在とその肥大化にあります。諫早湾干拓事業について、この「政官業（財）の利権・癒着構造」を具体的に検討してみましょう（表5）。

第一に、「政治」では、農林水産省関係のいわゆる「農水族議員」や地元の国会議員、関係政党の議員らが、諫早湾干拓事業の予算獲得や事業推進のために奔走します。その一方、関係議員らは工事受注企業から多額の政治献金と選挙での票を受け取ってきました。

例えば、表5のように、諫早湾干拓事業が本格化した一九八六～二〇〇〇年には、大手受注企業上位三一社から自民党長崎県連に約六・六億円の企業献金が渡っていました（四九社からでは約六・八億円、自民党長崎県連への企業献金総額約一三・九億円の四九パーセント相当）。工事が佳境にあった一九九六～二〇〇〇年には、地元の諫早・島原地区を政治地盤とする自民党有力議員（久間章生衆議院議員）に合計約三〇〇〇万円、また県内の他の二人の有力議員（松谷蒼一郎参議院議員、虎島和夫衆議院議員）にも各約二〇〇〇万円の企業献金が支払われていました。しかも、金子原二郎長崎県知事の資金管理団体（「明日の長崎県を創る会」）にも二〇〇〇年までの三年間だけで、受注元受け三三社から二二四〇万円、諫早市長にも同様八九〇万円の企業献金が行われていました。さらに、自民党県連を通して県・市の有力議員らにも献金の再分配がなされていたのです。

これらの諫早湾干拓事業受注企業からの政治献金は、長崎県選挙管理委員会の「政治団体収支報告書」から集計したもので「合法的」とされていますが、その全部ではありません。

表５　諫早湾干拓事業受注企業から自民党長崎県連への献金及び農水省からの天下り（単位：万円、%、人）

順位	起業名/年	1986-90	1991-95	1996-2000	合計	(%)	農水省天下り（人）
1	五洋建設（株）	1,900	2,800	3,200	7,900	11.6	8
2	若槻建設（株）	2,450	2,600	2,700	7,750	11.4	5
3	（株）熊谷組	1,700	1,300	1,800	4,800	7.1	9
4	西松建設（株）	900	1,200	1,600	3,700	5.4	10
4	佐伯建設工業（株）	1,000	1,200	1,500	3,700	5.4	7
6	東洋建設（株）	550	800	1,450	2,800	4.1	7
7	（株）大林組	600	900	1,050	2,550	3.8	10
8	東亜建設工業（株）	570	1,030	900	2,500	3.7	6
9	鹿島建設（株）	1,500	600	300	2,400	3.5	6
10	（株）フジタ	800	800	700	2,300	3.4	9
10	大日本土木（株）	600	800	900	2,300	3.4	9
	（小　　計）	12,570	14,030	16,100	42,700	62.8	86
12	りんかい建設（株）	550	800	800	2,150	3.2	10
13	佐藤工業（株）	850	550	600	2,000	2.9	7
13	（株）間組	1,200	400	400	2,000	2.9	10
15	前田建設工業（株）	550	200	1,100	1,850	2.7	12
15	三井建設（株）	500	500	850	1,850	2.7	8
17	（株）青木建設	500	600	600	1,700	2.5	10
18	（株）鴻池組	270	290	970	1,530	2.3	9
19	（株）奥村組	—	600	80	1,400	2.1	8
20	清水建設（株）	900	300	—	1,200	1.8	9
	（小　　計）	5,320	4,240	6,120	15,680	23.1	83
21	三幸建設工業（株）	300	200	600	1,100	1.6	7
22	（株）大本組	—	—	1,050	1,050	1.5	7
23	（株）錢高組	850	—	—	850	1.3	7
24	大成建設（株）	600	200	—	800	1.2	7
25	（株）上滝	—	150	600	750	1.1	—
26	黒瀬建設（株）	—	550	200	750	1.1	—
27	三井不動産建設	200	100	300	600	0.9	5
28	飛島建設（株）	200	50	300	550	0.8	11
29	（株）西海建設	—	130	250	380	0.6	—
30	三菱重工業（株）	300	—	—	300	0.4	—
30	大豊（株）	—	—	300	300	0.4	9
	（小　　計）	2,450	1,380	3,600	7,430	10.9	53
32-49	下位18社	10	1,000	1,150	2,160	3.2	34
合計（A）		20,350	20,650	26,970	67,970	100.0	256
企業献金総額（B）		47,970	39,420	51,360	138,750	—	—
（A）/（B）　（%）		42.4	52.4	52.5	49.0	—	—

注：農水省天下りは、1996年5月現在で農水省から各企業に天下っている農業土木技術者（主に課長級以上）
資料：九州農政局諫早湾干拓事務所「契約調書」各年度、長崎県選挙管理委員会「政治団体収支報告（要旨）」（長崎県広報）各年度、全国農業土木技術者名簿編集委員会（1996）『平成8年度全国農業土木技術者名簿-協会編』同委員会、より作成

しかも、この種の諫早湾干拓事業受注企業からの政治献金は、自民党の長崎県連や関係議員らには配分されたものの、同じ期間中、自民党の九州各県連へは、川辺川ダム建設と関係した熊本県連への約二・六億円をのぞけば、福岡・佐賀の両県連への献金はほとんど存在しません（宮入、二〇〇二）。いずれにしても、これらの諫早湾干拓事業受注企業からの企業献金は、諫早湾干拓事業の予算獲得と事業推進に対する関係政治家や政党に対する「報奨金」（お礼金）であるとともに、諫干事業を地域に根づかせるためにバラまかれた「地元対策費」に他ならなかったのです。

第二に、「官僚（官僚機構）」については、政・官が一体となって事業を推進する一方、農水省官僚らが、諫干関連企業やコンサルタントに「天下り」することが常態化していました。農水省から諫早湾干拓事業の受注企業に天下りした官僚は、判明した取締役以上への再就職者だけでも、二〇〇二年時点で三三名、その多くが技官でした。うち六名は、農水省での最終役職が諫干工事を直接管轄する農水省九州農政局の局長や諫早湾干拓事務所長など九州農政局のトップ責任者でした。さらに、表5の最右欄のように、一九九六年時点で、諫早湾干拓の大手受注三一社に農水省から二二二人、四九社では二五六人の技官らが天下っていました。その他、関連コンサルタント会社二五社にも一五二人の職員が天下っていたのです。こうして合計四〇〇名を超える多数の農水省官僚達が、諫早湾干拓受注関連企業やコンサルタント会社に天下りし、自らの再就職先を確保するとともに、官・業の巨大な利権集団の橋渡

表6　諫早湾干拓事業の契約方式の状況（単位：件、百万円、％）

区分	件数		金額	
	件	％	百万円	％
一般競争入札	9	0.7	10095	6.1
指名競争入札	552	43.4	77136	46.6
随意契約	714	56.0	78356	47.3
合計	1275	100	165587	100

注1：1986－2000年度の累計額である。

注2：一般競争入札は、1999年度から実施、それ以前は指名競争入札ないし随意契約のみ。

資料：九州農政局諫早干拓事務所「契約調書」。各年度より作成。

し役を担っていたのです。

第三に、こうした枠組みのもとで、受注企業に対しては、結果としてきわめて有利な取引条件が恒常的に与えられていました。例えば表6のように、一九八六～二〇〇〇年の諫早湾干拓事業の工事契約一二七五件のうち、「一般競争入札」は九件（〇・七％）に過ぎません。これに対して、「指名競争入札」は五五二件（四三・四％）、「随意契約」に至っては七一四件（五六・〇％）でした。その結果、落札率（実際の落札額÷予定価格）は、指名競争入札では九八・五％にも達しました。指名競争入札は、まさに「官製談合」の温床だったのです。しかも、全契約の半数以上は契約者が一対一の「随意契約」でしたから、指名競争入札と随意契約を合わせて、全体として「官製談合」が常態化していたとみて大過ないと思われます。もっとも、九九年度からは一般競争入札が率先的に導入されました。しかしながら、この一般競争入札においてさえ、落札率は九〇％台後半で、最初の落札者が次年度以降も随意契約を結ぶパターンは変わりませんでした。

以上の利権癒着構造を模式図的に描くと、図3のようになります。諫早湾干拓事業では「政・官・業（財）」の三者の癒着と寄生が構造化し、いわゆる「鉄の三角形」として慢性的に強固な利権癒着体質を肥大化させてきたのです。なお、それに加えて、各種委員会や審議会で「活躍」する御用学者・学識経験者、また一部マスコミもこの利権癒着構造に取り込まれていました。彼らは協働して、一般市民による異論や批判を強力に封じ込める組織的なテコとして機能してきたのです。

3　草の根での諫早湾干拓事業依存体質の形成と深化

「政・官・業（財）」の癒着と利権構造は、実は国だけではなく、地域経済社会の中にも根深くはびこっていたのです。

第一に、干拓工事をとおして地域の諫早湾干拓事業への依存体質が各段に強まったことです。工事最盛期であった一九九〇～九九年度の長崎県内の地区別公共工事の伸び率をみると、**表7**のように、県内平均公共工事伸び率の五三・三％に対して、諫早地区の一四三・五％及び島原地区の二二八％は、突出して高いことが分かります。このうちどれくらいが諫干事業関係かは正確には分かりませんが、当時の状況から見て、諫早湾干拓の大規模公共事業が諫早湾周辺地域の下請け企業の公共事業依存体質を各段に強めたことが推察されます。こうした一〇年余りに及ぶ諫早湾干拓事業への高い依存傾向が、諫早湾周辺の地域経済社会の干拓事業に対する受容度を増す大きなテコとなったことは容易にうかがわれます。

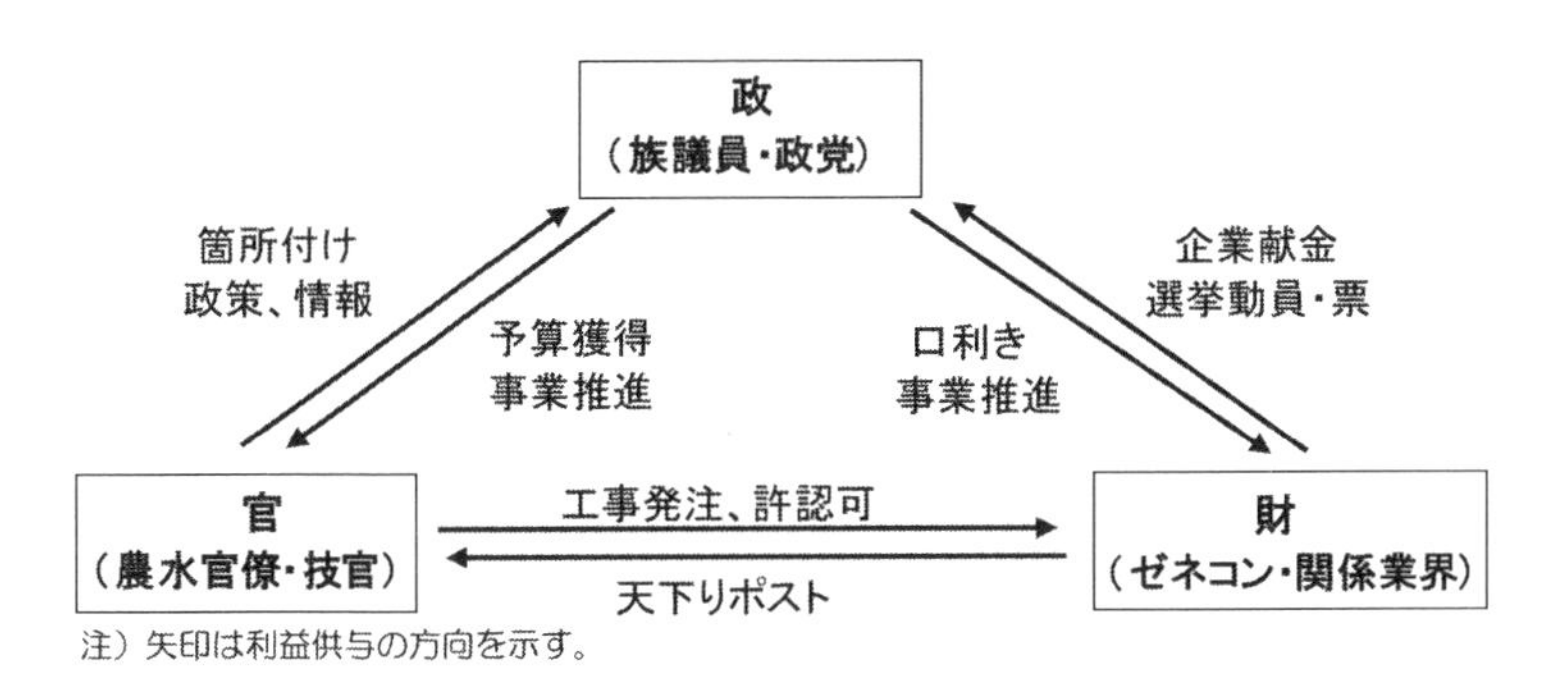

図３　政官財「鉄の三角形」の模式図

表７　長崎県内の地域別公共工事前払金保証請負額の推移（単位：億円、％）

地区＼年度		1990 億円	1990 %	1995 億円	1995 %	1999 億円	1999 %	1990-99 増減率（%）
県南地区	長崎	679	24.4	1,041	22.8	923	21.7	35.9
	大瀬戸	112	4.0	181	4.0	221	5.2	97.3
	諫早	313	11.3	682	15.0	762	17.9	143.5
	島原	164	5.9	665	14.6	538	12.6	228.0
	（小計）	1,268	45.6	2,569	56.4	2,443	57.4	92.7
県北	県北	629	22.6	752	16.5	681	16.0	8.3
	田平	279	10.1	287	6.3	250	5.9	-10.4
	（小計）	908	32.7	1,039	22.8	931	21.9	2.5
離島地区	下五島	168	6.0	222	4.9	272	6.4	105.8
	上五島	155	5.6	194	4.2	168	3.9	8.4
	壱岐	93	3.3	159	3.5	127	3.0	36.6
	対馬	188	6.8	376	8.2	317	7.4	68.6
	（小計）	603	21.7	950	20.8	885	20.8	46.8
合　計		2,779	100.0	4,558	100.0	4,259	100.0	53.3

（資料）西日本建設業保証（株）資料より作成。

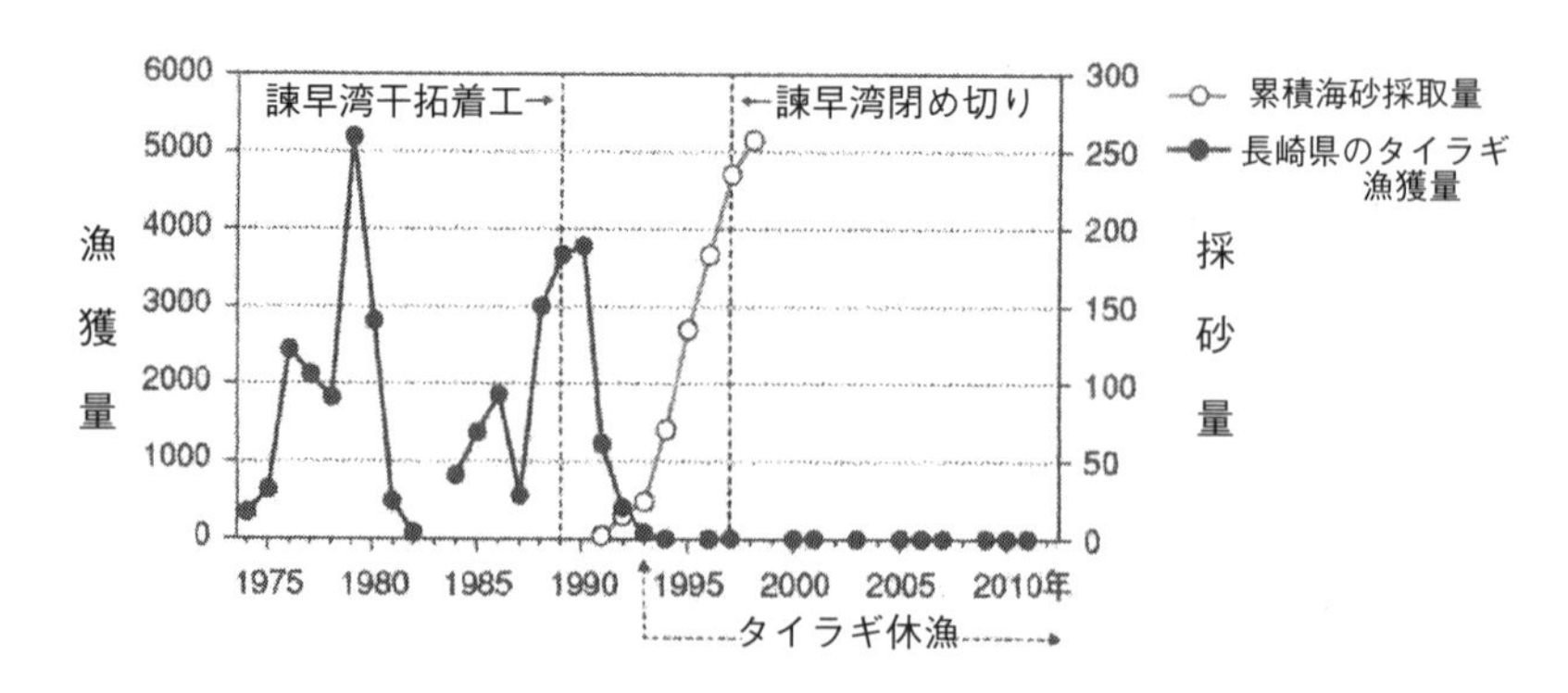

図４　工事にともなう海砂採取量とタイラギ漁獲量の関係

タイラギ漁獲量と干拓工事による諫早湾口での海砂の累積採取量。長崎県のタイラギは1993年から休漁が続いている（有明海漁民・市民ネットワーク発行「諫早湾の水門開放から有明海の再生へ」）

第二に、干拓工事が進み、漁業被害が深刻化するにつれて、漁業関係者の転廃業が相次ぎ、こうした人々が干拓事業の下請け企業や一時雇用者として吸収されていきました。こうした漁民らにとっては、工事の中止は即生業の困難に直結し、公共事業依存体質は一層深まっていきました。諫早湾周辺の地域や漁協などで干拓中止や中長期開門などの声が上がりにくい理由には、こうした事情も存在します。

第三に、干拓事業に関わる国や県から、関係市町や漁協への調査費、委託金、補助金などの継続的な事業支出が、干拓工事への取り込みや事業の受容へと誘引する大きな動機となっています（表８）。その典型例は、諫早湾口の小長井町のケースです。諫干事業に最後まで頑強に反対し、最終的に「防災」と「環境アセス」の虚偽の口実によって押し切られた小長井町漁協は、一九九三年以降、二〇年間連続で特産の高級食材タイラギ漁の休業に追い込まれてきました。そこを狙いすましたかのように、干拓事務所からは、小長井町だけではなく、小長井町漁協に対しても、「漁場実態調査委託費」等の名目で毎年数百万円から

表８　諫早湾干拓事業に係る国から長崎県・関係市町・漁協などへの発注額
（単位：万円）

区分/年度	1996	1997	1998	1999	2000	合計	方式
長崎県	2,076	1,916	2,336	2,736	1,419	10,483	随意契約
長崎県諫早湾干拓協議会	998	703	700	700	250	3,351	〃
諫早湾地域振興基金	951	931	782	654	622	3,940	〃
諫早市	120	111	1,558	119	118	2,026	〃
小長井町	294	302	501	343	445	1,885	〃
森山町	415	—	—	—	—	415	〃
小長井町漁協	—	170	—	1,331	1,443	2,944	〃
瑞穂漁協	44	375	—	—	—	419	〃
国見町土黒漁協	—	255	—	—	—	255	〃
合計	4,898	4,763	5,877	5,883	4,297	25,718	—

資料：九州農政局諫早湾干拓事務所「契約調書」、各年度、より作成。

一〇〇〇万円超の調査費や委託金が支払われ、また長崎県からも、「水産振興」等の名目でこの間合計一億円を超える補助金が支出されてきました。こうして公共事業や公金への依存体質が深まるにつれ、地元有力者や漁協幹部らの干拓事業推進のかけ声は大きくなり、逆に、海は荒廃し、漁民や住民の生業と生活は破壊されていくことになったのです。

以上のような、巨大公共事業としての諫早湾干拓事業の利権癒着構造からの脱却こそが、地域経済社会の最大かつ喫緊の課題となっているのです。

4 諫早湾干拓事業の推進のための財政負担転嫁構造
——県費・受益者負担から国費負担への付け替え

1 事業費の県費・受益者（農民）負担から国費への負担付け替えの仕組み

公共事業には多様な事業優遇措置が施されています。それが事業の促進剤となる一方、非効率性や寄生性を生む原因ともなっています。

諫早湾干拓事業の総事業費とその推移は、表9にみられるとおりです。事業費は一九八五～二〇〇七年度までの合計決算額で事業費総額二五三〇億円、うち潮受け堤防一五二六億円（六〇・三％）、内部堤防等九〇二億円（三五・六％）、農地造成一〇二億円（四・〇％）です。

一方、事業費総額の国、県、農家（受益者）別の負担額の内訳は、表10のごとくです。このうち潮受け堤防の事業費の負担者別負担割合を見ると、表10のA欄のように、事業開始期の一九八四年度までは、国：県＝七〇：三〇でした。この負担割合は、潮受け堤防が主として高潮対策等の防災に資するので、主に国と、補完的には県が公金（税金）で負担すべきものとされているからです。国と県の負担割合は、土地改良法に規定された全国的な基準割合

表9　諫早湾干拓事業に係る事業費の推移（単位：百万円、％）

年度	事業費	潮受堤防	内部堤防	農地造成
1985まで	1,857	894	860	103
1986	234	227	8	1
1987	6,066	5,182	789	95
1988	8,200	4,093	3,666	441
1989	8,980	4,810	3,722	448
1990	10,199	5,133	4,133	953
1991	11,005	5,297	5,696	12
1992	8,492	7,704	787	1
1993	23,706	23,154	450	102
1994	26,911	26,763	133	14
1995	27,697	27,204	327	166
1996	18,675	18,043	556	76
1997	14,575	13,190	1,161	225
1998	14,090	10,961	2,872	257
1999	12,172	—	11,392	781
2000	7,320	—	7,062	258
2001	12,354	—	12,185	169
2002	7,917	—	7,436	481
2003	7,581	—	7,169	412
2004	4,984	—	4,667	317
2005	6,810	—	5,830	980
2006	6,475	—	3,705	2,770
2007	6,728	—	5,603	1,125
合計	253,028	152,635	90,188	10,186
（％）	100.0	60.3	35.6	4.0

注：決算額である。四捨五入により合計額が一致しない場合がある。
資料：農林水産省農林水産局整備部資料より作成

表 10　諫早湾干拓事業の事業費負担割合の変遷（単位：%）

年度＼区分		潮受堤防（特別型）		内部堤防（一般型）			農地造成（一般型）		
		国	県	国	県	農家	国	県	農家
1984年まで	A	70.0	30.0	70.0	12.0	18.0	70.0	12.0	18.0
1985-86	A	66.6	33.3	65.0	17.0	18.0	65.0	17.0	18.0
1987-88	A	60.0	40.0	60.0	22.0	18.0	60.0	22.0	18.0
1989-90	A	60.0	40.0	60.0	22.0	18.0	60.0	22.0	18.0
	B	72.0	28.0	—	—	—	—	—	—
1991-92	A	60.0	40.0	65.0	17.0	18.0	65.0	17.0	18.0
	B	80.0	20.0	—	—	—	—	—	—
1993	A	70.0	30.0	70.0	12.0	18.0	66.7	15.3	18.0
	B	84.0	16.0	—	—	—	—	—	—
1994	A	70.0	30.0	70.0	12.0	18.0	66.7	15.3	18.0
	B	83.3	16.7	—	—	—	—	—	—
1995	A	70.0	30.0	70.0	12.0	18.0	66.7	15.3	18.0
	B	82.6	17.4	—	—	—	—	—	—
1996-97	A	70.0	30.0	70.0	12.0	18.0	66.7	15.3	18.0
	B	82.6	17.4	72.0	10.0	18.0	72.0	10.0	18.0
1998	A	70.0	30.0	70.0	12.0	18.0	66.7	15.3	18.0
	B	82.6	17.4	82.6	10.0	7.4	78.7	10.0	11.3
1999-2007	A	—	—	70.0	12.0	18.0	66.7	15.3	18.0
	B	—	—	82.6	10.0	7.4	78.7	10.0	11.3

注1：A欄は「土地改良法」に基づく基本的な事業費負担の割合（%）。

注2：B欄は「後進地域開発特例法」の長崎県への指定に伴う国の負担割合引上後の事業費負担割合（%）。「潮受堤防」については1989年度から「内部堤防」と「農地造成」については1996年度から指定された。

注3：B欄の内部堤防と農地造成における県と農家の負担割合は、1996-97年度については、長崎県の「国営干拓事業負担金徴収条例」（1987年3月改定）、1998年度以降は、同条例1998年度3月改定に基づく割合（%）

資料：農林水産省政府委員会素量、会計検査院（2002）「平成14年度特定検査対象に関する検査状況、5国営諫早湾干拓事業野実施について」、長崎県条例集より作成。

に則しています。この国：県の負担割合は、一九八五～九二年度間は、国の財政逼迫を理由として、土地改良法施行令において国負担率の引下げが行われ、逆に国負担が県負担に一部付け替えられました。その後、一九九三年度以降は、国：県＝七〇：三〇の本来の負担割合に戻りました。

問題は、諫早湾干拓事業の場合には、この全国基準の国：県の負担割合が、表10のＢ欄のように、一九八九年度から劇的に変化したことです。例えば一九九一～九二年度には、国：県＝六〇：四〇から国：県＝八〇：二〇となり、県の負担が国の負担へ二〇％ポイントも付け替えられました。なぜでしょうか。それは、一九八六年一二月に事業計画が決定され、一九八九年一一月からは諫干事業が着工の運びとなり、工事が本格化したからです。工事費の増加にともなって増える長崎県の財政負担を国が肩代わりして、工事の円滑な推進を図ろうとしたのです。

そのテコとして利用されたのが、「後進地域開発特例法」（一九六一年六月二日法律第一一二号）による特例措置に他なりません。同法は、財政力の弱い道府県で行われる特定の公共事業に対して国の経費負担割合を引き上げ、後進地域での開発公共投資を促進しようとするものです。この特例措置が、一九八九年度からは、諫早湾干拓事業の潮受け堤防の建設に関して、長崎県に適用されることになったのです。ただし、一九八五年度からは、先述のように全国基準の負担割合が一時期変更されたので、国負担が一〇％ポイント軽くなり、逆に県

表11　諫早湾干拓事業の総事業費と負担額の内訳（単位：百万円、%）

	総事業費			負担額					
				国		県		受益者	
潮受堤防	152,653	60.3	100	116,860	76.6	35,793	23.4	—	—
内部堤防等	90,188	35.6	100	77,127	85.5	9,309	10.3	3,752	4.2
農地造成	10,186	4.0	100	7,593	74.5	1,269	12.5	1.325	13.0
合　計	253,028	100.0	100	201,580	79.7	46,371	18.3	5,077	2.0

注：四捨五入の都合で合計額が一致しない場合がある。決算額である。
資料：農林水産省　農林振興局整備部農地資源課資料より作成

負担はそれだけ重くなりました。しかし、長崎県の場合には、このように諫早湾干拓事業の潮受け堤防については、県の負担を特例的に軽減して、干拓事業を推進する方策がとられたのです。県負担の軽減分は主とし国費により、すなわち国民の税金によって肩代わりされたのです。

しかも、見過ごせないのは、国費への負担転嫁は潮受け堤防だけに限られなかったことです。潮受け堤防の工事が終わりに近づき、工事の重点が内部堤防と農地造成へ移行するにつれ、今度は内部堤防や農地造成でも、同様の特例措置が講じられたからです。表10のB欄のように、内部堤防と農地造成の負担割合についても、一九九六年度から後進地域開発特例法が適用されました。さらに、一九九八年度からは県条例を改定して、農地造成の負担割合についても、国の負担引上げをテコとし、県負担の軽減とともに、農家負担の軽減措置が講じられたのです。

以上の結果、表11のように、長崎県と農家の負担軽減分は、最終的にはすべて国費（一般国民の税金）に肩代わりされたのです。それでも、総事業費二五三〇億円に対する長崎県の負担分は約四六四億円（元金約三七二億円、利子分約九二億円）が残っていました。ここでの問題は、結果として、農家負担額が、第二次変更計画の本来の負担額約一八一億円から約五一億円へ、

表12　事業費負担額の内訳（10a当たり）（単位：千円、%）

事業費合計	国	県	農家
14,484	12,225	1,526	733
100.0	84.4	10.5	5.1

注：農用地、宅地等用地693haとして推計
資料：表2及び表11より作成

七一・八％もの大幅値引きとなったことです。[注1]

そのため、表12のように、内部堤防と農地造成を含む農地一〇アール当りでは、造成コスト総額約一四四八万円の農地が、農家への販売額約七三・三万円へと、ほぼ九五％もの大幅値下げが行われることになったのです。これは農家に対する受益者負担の法定割合一八％と比べても、七二％もの大幅な割引です（1－733千円÷（14、484千円×0・18）≒0・719）。これほどまでの値引きをしないと、諫早湾の干拓農地では農家の営農が成り立たないというわけです。

※注1　表9より、諫干事業の事業費二五三〇億円、うち①潮受け堤防一五二六億円、②内部堤防九〇二億円③農地造成一〇二億円。②+③＝一〇〇四億円。これに、表10より、本来の農家負担一八％をかけると、一〇〇四億円×〇・一八＝一八一億円となる。

2　長崎県による「超安値」での農地リース方式の採用と超長期の県債発行

ところが、実は、話はこれですべて終わったというわけではなかったのです。

これほどの超安値でも全農地の売却が困難と見た農水省と長崎県は、長崎県農業振興公社に干拓農地を国から一括購入させ、これを一〇アール当たり年間二万円（当初一・五万円）の「超安値」で農民にリースする方式を採用したからです。

すなわち、国から農地の配分を受けた際の地元負担金約四七億円の支払いのため、うち六分の五は、長崎県農業振興公社が全国農地改良資金協会から無利子で借り入れ、これを二五年間で償還する。償還財源は原則として農民からのリース料をもって充てる。しかし、リース料で賄えない分については、長崎県農業振興公社が長崎県の一般会計から借り入れ、かつ長崎県からの借入分は、合計六〇年間の超長期で返済する。

一方、農家負担分の残り六分の一である約七・八億円は、長崎県農業振興公社が農林漁業金融公庫から一〇年間の有利子で借り入れ、これも前半五年間は長崎県からの借入と農民へのリース料、後半五年間はリース料のみで賄うとしました。

全国農地改良資金協会への返済分については、二〇一八年四月～二〇三三年四月まで一五年間、毎年二億四七〇〇万円を償還するとしていましたが、リース料の年間九八〇〇万円だけでは不足することから、長崎県から毎年一億四九〇〇万円を借り入れて償還財源とする。長崎県からの借入れ分は、二〇三四年二月〜二〇七四年二月の四五年間の償還とし、毎年九六〇〇万円ずつリース料から県に返済する予定であると説明されています（長崎県議会、二〇一八年）。

以上のように、かなり複雑なリース方式ですが、要するに、破格の値引きをした干拓農地を、さらに「安値」のリース方式に切り換えるために、長崎県は長崎県農業振興公社に対し最長合計七〇年もの超長期ローンを付与する仕組みを無理やりひねり出したのです。国民と県民に「おんぶに抱っこ」で大部分の費用負担を押しつけながら、今度は、欠陥農地の非効率性を、「超安値」での農民への超長期農地リース方式で糊塗しようとしたわけです。血税を負担している国民や県民から見て、この巨大な寄生虫と化した諫早湾干拓事業のような似非「公共事業」を許すことができるでしょうか。

しかも、入植農民のリース料の支払いが滞れば、公社の県への元利返済はさらに遅れてしまいます。リース料は、先述のような干拓農地の原価から見れば、一〇アール当たり年二万円とかなり割安です。しかし、近隣農地のリース相場である一〇アール当たり約六千円〜一・五万円から見ると、結構割高なのです。その結果、入植農民へのリース料の厳しい取り立てが強行されると、農民の経営破綻をさえ生み出しかねません。実際、最初に入植した四一経営体のうち、二〇一八年度までに、実に十一経営体が経営上の理由で営農を止めて撤退しているのです。二〇一七年度に営農していた三五経営体のうち、黒字の二四経営体に対して、赤字の経営体は十一にのぼっていました（長崎県諫早干拓室資料）。また、現在、二つの農業経営体が、リース料を支払えないために、長崎県農業振興公社から干拓農地からの追い立てをくらい、訴訟問題にまで発展しています。干拓農地は入植した農民から見ても、決して「優良農地」ではなかったのです。

以上のように、国と長崎県によって企てられた諫早湾干拓事業に対するさまざまな行財政面からの「優遇措置」は、諫干事業を強力に促進する手段となった反面、財政資金のムダ、ムラ、ムリを助長して、公金への寄生性を深めてきました。しかも、こうした干拓事業の強引な推進は、有明海の漁民だけでなく、本来受益者とされていた入植農民にさえ、大きな被害を及ぼすに至っているのです。これらの行財政の仕組みは、諫早湾干拓事業の浪費性と不合理性、非効率性を強める装置としても機能してきたのです（宮入、二〇一七）。

写真８：諫早湾干拓事業によって造成された干拓農地（中央干拓地）（提供　朝日新聞社）

5　諫早湾干拓事業が生んだ環境悪化（「有明海異変」）と歪みの連鎖

1　環境破壊としての「有明海異変」の発生・拡大とその解決策

二一世紀は環境の世紀であるといわれています。地球環境の悪化は、現代の世界的大問題となっています。しかし、地球環境の危機は宙に浮いた存在ではありません。私達の足元の環境破壊の集積の結果です。二〇世紀の社会と経済が破壊してきた自然環境を再生し、地域を再生することこそが、二一世紀の公共政策の最優先の課題でなければならないのです。

しかし日本では、二〇世紀型の古い公共事業が依然としてはびこっています。環境アセスメントも事業再評価も、くり返し設置される各種の対策委員会も、それらが官僚機構の掌中にある限り、一度走りだした事業は、ブレーキのついていない自動車同様、止めることは至難の業といってよいのです。日本の公共事業関係の制度には、スタートキイとアクセルはついていても、ブレーキは装着されていないからです。あとは予算というガソリンさえ獲得すれば、最後まで走り続けることができる仕組みになっているのです。

しかし、そうであればこそ、諫早湾干拓事業の「大成功」は、他方では「有明海異変」という大規模な海洋環境破壊を生み出しました。それはさらに、諫早湾から周辺海域、さらには有明海全体へと拡大し、環境破壊を深刻化させる根因となったのです（堤裕昭、二〇二一）。「有明海異変」は、まさにこれまでの二〇世紀における日本型公共事業に基因する人為的な「ストック公害」であり、負の遺産に他なりません。

「有明海異変」の最大の元凶として疑われるのが諫早湾干拓事業であることは、いまや司法の二〇一〇年の確定判決も認めています（諫早湾開門研究者会議、二〇一六）。もっとも、同じ福岡高裁は、二〇一八年七月、国に開門を命じたこの二〇一〇年の確定判決を事実上無効とする判決を下しました。その後、最高裁で差戻審が言い渡され、二〇二二年三月福岡高裁から請求異議差戻審判決が出されて、再び最高裁で審査されることになりました。こうした紆余曲折をへて、直近の二〇二三年三月一日、最高裁から上告棄却及び不受理の決定が下されました。しかし、今回の最高裁の決定も、この判決に拘束されない多くの有明海の漁民や沿岸住民らの要求や運動には、何らの制約をもたらすものではありません（よみがえれ！有明訴訟弁護団、二〇二三年）。しかも、二〇一〇年の確定判決が示した排水門の開放による中長期調査こそが、有明海の「環境再生」への、一見小さいとはいえ、巨大な一歩に他ならないのです。開門調査は、二か月にも満たない短期調査が一度行われただけで、中期、長期の調査は全く実施されてこなかったからです。

「有明海異変」は「環境災害」を生んだだけではありません。漁業の破綻と漁民の生活崩壊、二〇人を超す自殺者、家族と地域コミュニティの破壊、地域経済と地域社会の疲弊を拡大してきました。漁業に後継者は望めず、それは将来世代にとってのかけがえのない〝宝の海〟・有明海を破壊してきたツケともなっています。いま必要なことは、有明海の「環境再生」を根本的に実現し、これをとおして地域再生をも図る総合的な再生政策の立案と実施です。

2 「有明海再生計画」の虚構性と浪費性、寄生性

ところが、農林水産省はこの事態を逆手にとって、公共事業の有明海全域への拡大を画策してきました。その代表格が、「有明海・八代海再生特別措置法」（二〇〇二年）（以下、有明海特措法）です。有明海特措法は、宮崎県を除く九州六県の有明海・八代海の指定海域における環境保全と水産資源の回復を目的として、主に補助事業の補助率嵩上げを図ろうとしました。表13のように、有明海再生事業費は、農水省・水産庁分だけでも、二〇〇五〜二〇一九年度までの一五年間で、全国分を含めて約一一〇〇億円を超え、毎年度約一二〇億円以上が予算額として計上されています（農水省農村振興局資料）。これに水質保全費として、二〇〇四〜二〇一七年度までの「調整池浄化事業費」約三九〇億円が加わります（長崎県地域環境課資料、二〇一八）。ちなみに、日本で最初の人造湖で、高度成長期の地域開発事業

表 13　有明海再生対策事業費の概要（農水省、水産庁分）（単位：百万円）

事　項		担当省	2005-14	2015-19	合計
1	有明海特産魚介類生息環境調査委託	農村振	1,800	3,000	4,800
2	国営干拓環境対策調査	農村振	3,300	1,640	4,940
3	有明海漁業振興技術開発事業	水産庁	2,400	2,090	4,490
4	有明海アサリ等生産性向上実証事業	水産庁	3,618	1,632	5,250
5	有明海水産基盤整備実証調査	水産庁	1,528	560	2,088
小　計		—	12,646	8,922	21,568
6	水産基盤整備事業（覆砂、海底耕耘）	水産庁	30,373	58,686	89,059
合　計		—	43,019	67,608	110,627

注：概算要求決定額。費目は多少組み替えたものがある。

資料：有明海漁場環境改善連絡協議会「会議資料」。各年度予算概算決定より作成。

によって最も深刻な水質汚濁を拡大した水域の一つである岡山県の児島湖は、二〇年間で約五五〇〇億円かけても、依然として水質改善ができないままです。

いま、「有明海再生事業費」と「調整池浄化事業費」とを合計すると、少なくとも、約五〇〇億円＋約三九〇億円、合計約九〇〇億円を超える事業費が、すでに「有明海再生」を口実として投入されてきたことになります。この再生事業費分だけで、ハードな諫早湾干拓事業費二五三〇億円の実に三六％にも匹敵します。しかも、これらの再生事業費は、有明海の水質が浄化されない限り、毎年継続的に支出することが必要です。そのうえ、有明海特措法は農林水産省だけではなく、国土交通省、経済産業省、環境省、総務省、文部科学省の六省が共同で所管しているので、再生事業費には各省庁の支出分が加わります。かつ、有明海周辺の各県でも、「有明海再生」に関する各県計画が立案され、それらの計画に基づく事業も行われています。これらの事業費をすべて合計すれば、「有明海再生」の事業費が膨大な金額に達することは間違いありません。

諫早湾干拓事業は、その事業自体がムダで浪費的、環境破壊的な公共事業であっただけではなく、このように、有明海の環境破壊により「社会的費用」を不断にたれ流し続ける事業だったのです。にもかかわらず、有明海特措法は、「有明海異変」の原因として最も疑わしい諫早湾干拓事業についてはまったく言及していません。

写真９：諫早湾の生業「ボクも手伝いアゲマキ運び」（写真　富永健司）

なぜ、農水省は諫早湾干拓事業の開門調査を拒否するのでしょうか。それは、開門調査をすれば、「有明海異変」の真の原因が諫早湾干拓事業の失敗にあることが誰の目にも分かってしまうからです。真犯人が諫干事業であることが暴露されてしまうからです。要するに、農林水産省はじめ、農水族議員や関係業界、諫干事業をめぐるいわゆる「政・官・財の鉄の三角形」が、有明海の環境破壊の共同正犯であることが露呈してしまうからです。そのため、諫早湾干拓問題を棚上げにしたまま、再生事業の大半を漁場整備や下水道などの公共土木事業に集中しています。漁場改善策も、覆砂や海底耕耘、作澪(さくれい)(注2)、浚渫など、一時的な対症療法的作業に事業費の約六割を投入しています。それらの事業は「ミティゲーション」(mitigation)などと呼ばれていますが、その効果は一時的、部分的な対症療法に過ぎず、実態は主に、有明海全域に、旧来型公共事業の新規拡張を画策していくものに他ならなかったのです。

最近、農林水産省は、開門調査は拒否したまま、「有明海再生」のためと僭称して、一回限りの一〇〇億円の基金案を提案しています。しかし、この基金案は、開門しないことと引き換えに基金を創設するというものです。そのうえ、和解協議が進展しないことを理由として、二〇一九年度から二三年度まで五年間、立て続けに予算計上が見送られたままです。しかも、この基金案は従来の農水省型公共事業の延長線上にあり、一回限りの単なる手切れ金に過ぎません。根本的解決策を欠いたままの「再生事業」は、環境再生に役立つどころか、逆に事態の解決を長引かせ、深刻化させてしまいます。有明海の真の再生のためには、開門調査をはじめとする諫早湾干拓事業の大転換こそが不可欠となっているのです。

※注2　干潟や入江などに、潮の流れをよくするために水路を切り開くことで、カキやノリなどを養殖している漁場で多くみられます。

写真 10：「ドウキン掻きの少年」（写真　富永健司）

6 諫早湾干拓事業の真の「環境再生」をめざして

——有明海の「環境再生」の方向性

二〇二一年四月二八日、福岡高裁は、諫早湾干拓事業に関わる請求異議訴訟の差戻審において、当事者である漁業者及び国に対して、「和解協議に関する考え方」を提示しました（福岡高裁、二〇二一）。

福岡高裁のこの和解勧告の特徴は、第一に、和解協議の必要性を広い観点からとらえ、これを「紛争全体の、統一的・総合的・抜本的解決及び将来に向けての確固とした方策の必要性と可能性」を意識してはっきりと提言していることです。そのためには、判決だけにこだわることなく、「話し合いによる解決の外に方法はないと確信している」、としています。また、和解協議の前提となる社会的要請についても、現状をこれまでの経緯の中で最も高まった状況にあると、正確に捉えています。

第二に、当事者を、訴訟当事者に限定することなく、「利害の対立する漁業者・農業者・周辺住民の各団体、各地方自治体等の利害調整と、それに向けた相応の『手順』が求められる」として、和解協議には、幅広い関係者の意向や意見を踏まえるべきであると主張しています。

第三に、今日の事態を招いた国の特別の役割と責任を適切に指摘しています。すなわち、「国民の利害調整を総合的・発展的観点から行う広い権能と職責を有する控訴人（国）のこれまで以上の尽力が不可欠」であるとし、この和解協議においても、国の主体的・積極的な関与を強く期待するとしています。

第四に、特記すべきは、有明海の価値を正確に認識し、和解協議の意義を歴史的かつ包括的に捉えていることです。すなわち、「有明海は、国民にとって貴重な自然環境及び水産資源の宝庫としてその恵沢を国民が等しく享受し、後代の国民に継承すべきものとされ、国民的資産というべきものである」、ときわめて重要な指摘をしています。

そして、第五に、「国民的資産である有明海の周辺に居住し、あるいは同地域と関連を有する全ての人々のために、地域内の対立や地域間の分断を解消して将来にわたるよき方向性を得るべく、本和解協議の過程と内容がその一助となることを希望する」、と問題解決にむけた方向と期待を表明しています。

以上のように、この福岡高裁の和解協議の提案は、解決の見通しの見えないまま、あまりにも長期に混乱が続いてきた現状を打破するために、全ての当事者が話し合いの場に立つことにより、有明海の環境再生と水産業の発展・漁業者の福祉増進、干拓地農業の持続的発展との共存、有明海周辺住民や自治体との利害調整、それらの実現のために国の特別の責任と役割を重視して、国民的資産ともいうべき有明海の再生と将来にわたるより良き方向性を目指すべきであると、非常にまともかつ極めて重要な指摘をしています。こうした福岡高裁の和解協議勧告の方向こそが、有明海再生を願う多くの国民と地域住民にとって、かつ将来世代にとっても、環境再生の根源的な解決の途につながるものであるということができます。

ところが国は、この福岡高裁の和解勧告に激しく抵抗しました。国は、二〇一七年の農林水産大臣談話に沿って、開門しないことを前提に、明確な根拠も示さないまま、基金で対応することがベストであるとしています。しかし、今回の提言で、福岡高裁は、この問題に関する国側の責任について、「とりわけ本件確定判決等の訴訟当事者という側面からではなく、国民の利害調整を総合的・発展的観点から行う広い権能と職責を有する控訴人（国）の、これまで以上の尽力が不可欠」であって、「まさにその過程自体が今後の施策の効果的な実現に寄与する」ものである、と核心を突く指摘をしていました。反対に、国側の、この福岡高裁の和解勧告に対するかたくなな態度は、裁判所が指摘した国の権能と職責を投げ捨てるものであって、国民に対する冒涜と責任放棄であるといわなければなりません。

ところが国はこの国民軽視と無責任な態度を改めることなく、和解協議は「非開門」を大前提として、解決を求める態度に終始したのです。こうして和解協議は不調に終わりました。しかも、先述のように開明的、合理的な協議勧告を提起した同じ福岡高裁が、二〇二二年三月の差戻控訴審では、潮受け堤防の締め切り前と比較してシバエビなどの漁獲量が増加傾向にあるなどの誤った判断を根拠に、開門の強制執行は「権利の乱用」であると結論したのです。さらに、直近二〇二三年三月の最高裁決定も、高裁判決を追認し、漁業者側の上告は棄却されてしまいました。

確定判決に従わず、和解勧告にも応じない国の態度を許容するこうした司法のあり方が、一体、三権分立を担保しているといえるかは極めて疑問です。とはいえ、これで、開門についての司法判断が統一されたわけではありません。開門を強制する手段が当面失われただけで、二〇一〇年一二月の確定判決が覆ったり、揺らいだりしたわけではないのです。福岡高裁の勧告の精神と意義は依然として健在で、諫早湾干拓の開門調査は大きな課題として残されたままになっています。事実、前述の判決を下した福岡高裁自身が、判決の「付言」で、和解勧告の趣旨を再現して、大要、以下のように指摘していました。

「有明海周辺に生じている社会的な諸問題は、今回の判断によって直ちに解決に導かれるものではない。裁判所としては、双方当事者とも求める有明海の再生に向けての施策の検討と、その調整のための協議を継続させ、加速させる必要があると考える。国民的資産であり、人類全体の資産でもある有明海周辺に住み、あるいはこの地域と関連するすべての人々のために、双方当事者や関係者の全体的・統一的解決のための尽力が強く期待される。」（福岡高等裁判所、二〇二二）、と。この「付言」の裏には、国の意固地な態度が、有明海の漁民はもちろん、有明海周辺の住民や地域経済社会にとどまらず、国民的・全人類的財産ともいうべき有明海の自然環境を破壊しているとの、裁判所の忸怩たる想いと批判を見ることができます。

写真 11：福岡高裁前で横断幕を持つ漁民原告ら（写真　永尾俊彦）

写真 12：訴訟棄却を受け「有明海が再生するまで闘い続ける」と話す馬奈木弁護団長（提供　朝日新聞社）

こうした事態の推移を踏まえて、ごく最近、再び大きな変化が見られました。二〇二三年三月二八日、福岡高裁は、諫早湾内の二陣三陣の漁民による開門訴訟控訴審において、注目すべき判決を出しました（福岡高裁第一民部「判決骨子」二〇二三）。判決は、漁民の排水門開門請求を認めなかった一方、事実上、大きな前進面も見られたのです。

第一に、干拓事業と高級貝類タイラギ漁業や漁船漁業などの漁業被害との間に、因果関係があることを認めたのです。すなわち、諫早湾干拓事業による広大な干潟の水質浄化機能の喪失、加えて、潮受け堤防の締切りによる潮流速度の低下、成層化、貧酸素化の進行、赤潮発生件数の増加、底質環境の悪化等の要因が、複合して、「諫早湾の漁場環境の悪化を招来した高度の蓋然性があると認めるのが相当です。」、と明言したのです。諫干事業と海洋環境の悪化、漁業被害との間に、複合的な因果関係の存在を認めたのです。こうした諫早湾干拓事業と海洋環境の悪化の相関関係の存在こそ、これまで多くの自然科学者によって究明されてきた科学的真理であって、福岡高裁の判決もついにそのことを認めざるを得なくなったのです（諫早湾開門研究者会議、二〇一六、堤、二〇二一）。

第二に、諫干事業と海洋環境の悪化による漁獲量の減少が、「将来にわたり継続することが具体的に予想される」として、控訴人らの組合員行使権が一部侵害されていることを認めたことです。

しかしながら、高裁判決はこうした大きな前進性をもちながらも、他方では、諫干事業は、「高度な公共性、公益性」を有するとし、そのことから開門による被害等を総合評価して、漁民の開門請求を棄却すると判示したのです。

ここで、「高度な公共性、公益性」とは、主要には、諫干事業の「防災効果」であることは明らかです。しかし、諫干事業の「防災効果」については、すでに指摘したように、その最大の目玉が本明川の「洪水防止効果」にあり、いわれるような防止効果は、諫早の市街地の防災にはまったく役立ちません。また、台風による高潮対策については、気象予測の科学技術が高度に発達した今日の段階では、台風が接近する前に、事前に水門の調整をしておけば、高潮防止は可能です。また、内水氾濫については、現在の複式干拓方式では防止できず、海岸堤防や河川堤防の強化と排水ポンプの増設以外に方法はありません。いずれにせよ、この判決の言う「高度な公共性、公益性」は、極めて杜撰な判断と脆弱な論理の上に立っていると言わざるを得ません。ここではむしろ、諫早湾干拓事業と有明海の環境悪化（「有明海異変」）との因果関係を、従来認めることを躊躇していた司法が、ついに明確に認める立場に至ったことが決定的に重要なのです。ここまでくれば、後は開門調査を実施させること、そのための法的措置をとらせるとともに、地域住民や国民の民意と運動を格段に強めていくことによって、開門調査の実現を図ることが可能となります。

むすび——諫早湾干拓事業の「真の環境再生」に向けて

諫早湾干拓事業は、工事としてはすでに二〇〇八年三月をもって終了しています。しかし、その後も「有明海異変」のような海洋環境の悪化と、開門をめぐる漁民の訴訟、これに反対する入植農民らとの「訴訟合戦」、さらに入植農民内部での対立まで引き起こしています。非開門の農民らの背後には、国（農水省）や長崎県・諫早市の行政当局、国・県・市の関係議員や一部学者と業界によって長期にわたり構築されてきた利権癒着構造の残りカスが根強くこびり付いています。この残渣は、諫早湾干拓事業が生んだ「社会的費用」に免罪符を与えながら、他方では、「有明海再生事業」や「調整池浄化事業」のような「環境再生」の装いをまとった新規の公共事業をも蘇生させています。しかし、これらの事業も、真の有明海再生には繋がらず、むしろ長期的には環境破壊を深めてさえいます。重要なことは、諫早湾干拓事業とそれが生んだ「負の遺産」の総決算をして、その残りカスを取り除くとともに、諫早干潟と有明海の海洋環境の再生を実現し、その先に有明海周辺地域の経済社会の再生をも見通す、総合的な再生事業を立案し、実施することです。

諫早湾干拓事業を本来の公共事業のあるべき姿に戻すためには、これまでの検証と教訓を踏まえて、地域の固有な自然環境・景観・歴史・伝統・文化・資源に基づき、それらを活かしながら、漁民・農民・周辺住民・市民らが主権者であることを改めて自覚し、学習を重ね、自治体へと働きかけ、共に手を携えていくことが不可欠となっています。有明海と環有明海地域を、環境の世紀である二一世紀に相応しい内発的で維持可能な地域社会へと、根本的に転換することが喫緊の課題となっているのです。

その意味で、今日、諫早湾干拓事業の見直しと有明海の再生をめぐって、新たな動きが出てきていることは注目に値します。司法（裁判所）でさえ、一面では、行政への忖度を見せながらも、他面では、諫早湾干拓事業と有明海の海洋環境の悪化に複合的な因果関係があること、両者に高い蓋然性を認めることが相当であるという判断に達しています。諫早湾干拓事業が有明海の環境悪化・「有明海異変」の原因である確からしさの度合いが、大きいとしているのです。そのうえで裁判所は、司法の判断だけでは不十分であって、漁民や農民を含む地域住民の利害や意見の対立と相違を超えた幅広い話し合いの場を、国や地域自治体を含めて設けること以外に、真の解決の方法はないと指摘しています。しかし、国や県・地元自治体が、今のところ、こうした司法の至当な教示を聞く耳を持たない以上、地域の住民の側からそうした幅広い話し合いの場づくりを提起していく以外に方法はありません。

この意味で、今日、日本環境会議のような科学者団体が、ふたたび諫早湾干拓事業の再検討と有明海の環境再生に関心を示し、また、これに呼応して「森里海を結ぶフォーラム」や、名産のウナギをテーマとしたイベントが、高校生や大学生など若い世代を巻き込んで、多面的にむすび付きを強めながら展開していることは注目に値します。これらの動きは連動して、この八月にも、「〝宝の海〟の再生を考える市民連絡会」(「宝の海市民連」)として発足する運びとなっています。日本一の諫早干潟の再生と有明海の環境再生が、新たな再生ビジョンづくりと参加型再生に向けて、広く展開することが目指されています。それはまさしく、環境の世紀、二一世紀に相応しい、環境再生の全国的、全世界的な象徴的事例として、未来世代に向けて、先行的な贈り物となるに違いありません。

最後に、本書が刊行された経緯について簡潔に述べておきます。本書は、中島熙八郎・熊本県立大学名誉教授の強いお勧めによって生み出されたものです。中島名誉教授は、日本環境会議が二〇二一年八月に刊行した「諫早湾干拓問題検証委員会」の報告書・『〝宝の海〟を再び!――日本一の干潟を取り戻そう』に掲載した、私の論文「諫早湾干拓事業――その経緯と問われる行財政の公共性」とそれをもとにしたオンライン連続セミナーの講義に注目され、強く執筆を促されました。それは、諫早湾干拓事業の開門調査と検証を妨げ、有明海再生の最大の障害となっているものの一つが、最初の構想から七〇年、次々と名称と目的を変更しながら、無駄で有害な事業が継続されていることの本質と構造の実態解明が、十分科学的になされていないことにあったからです。その解明こそが本書に課せられた使命でした。

なお、本書を花伝社のブックレットとして編集するにあたり、佐賀中央法律事務所の林田直樹さん、花伝社編集部の家入祐輔さんには多大なご支援を受けました。また、貴重な写真を快く提供していただきました、富永健司さん、永尾俊彦さん、北園敏光さん、そのほかご協力いただいた方々にも、この場を借りて深く感謝いたします。さらに本書を推薦していただいた、寺西俊一日本環境会議理事長・一橋大学名誉教授には温かいご批判と励ましをいただきました、記して感謝申し上げます。

（みやいり　こういち・長崎大学名誉教授・愛知大学名誉教授）

参考文献

諫早湾開門研究者会議編（二〇一六）『諫早湾の水門開放から有明海の再生へ――最新の研究が示す開門の意義』有明海漁民・市民ネットワーク、一八-六四頁。

有明海漁民・市民ネットワーク・諫早干潟緊急救済東京事務所編（二〇〇六）『市民による諫早干拓「時のアセス」二〇〇六――水門開放を求めて』同編者、六-二〇一頁。

佐々木克之（二〇〇六）「調整池水質悪化の評価と潮受け堤防排水門開門の必要性」四〇-五五頁（有明海漁民・市民ネットワーク、諫早干潟緊急救済東京事務所編『市民による諫早干拓「時のアセス」二〇〇六』。佐々木克之（二〇一六）「干拓事業によって失われた諫早湾干潟の浄化機能」、一八-三〇頁、佐々木（二〇一六）「調整池からの多量の汚染物質の排出が諫早湾、有明海に及ぼす影響」、三一-四二頁、佐々木（二〇一六）「諫早湾干拓事業と有明海漁業衰退との因果関係」四三-四三頁、諫早湾開門研究者会議編『諫早湾の水門開放から有明海の再生へ――最新の研究が示す開門の意義』有明海漁民・市民ネットワーク。

菅波完（二〇二二）「諫早湾干拓事業の「防災」機能を問い直す」（日本環境会議（JEC）「諫早湾干拓問題検証委員会」報告書、『〝宝の海〟を再び！――日本一の干潟を取り戻そう』）、一二-二〇頁。

堤裕昭（二〇二二）「有明海の赤潮頻発に端を発する生態系異変のメカニズム」七六、一〇三-一一七頁。

農林水産省構造改善局計画部監修（一九八八）『解説　土地改良の経済効果』大成出版社、三七一-三七二頁。

農林水産省九州農政局（二〇〇六）「国営干拓事業諫早湾地区再評価」、三頁。

農林水産省九州農政局（二〇〇一）「平成13年度九州農政局国営事業再評価第三者委員会（第五回）議事録」四一―四二。

福岡高等裁判所第二民事部（二〇二二）「和解協議に関する考え方」、一―三頁。

福岡高等裁判所第二民事部（二〇二二）「令和元年（ネ）第663号 請求異議控訴事件判決言渡し」、一―九八頁。

宮入興一（一九九八）「諫早湾干拓事業の『公共性』と費用対効果評価」『経営と経済』二二六、一二三―一六一頁。

宮入興一（二〇〇一）「公共事業と費用対効果評価――農林水産省型費用対効果分析の問題点と諫早湾干拓事業」『愛知大学経済論集』一五六、二三―七一頁。

宮入興一（二〇〇二）「大規模公共事業の破綻と地域経済・地方財政――諫早湾干拓事業を素材として」『愛知大学経済論集』一五九、一―三五頁。

宮入興一（二〇〇六）「国営諫早湾干拓事業と費用対効果評価――第2次変更計画を中心に」『愛知大学経済論集』一七二、一―六六頁。

宮入興一（二〇一七）「諫早湾干拓事業の公共事業としての破綻と環境再生」『ＡＣＡＤＥＭＩＡ』一六二、四五―六二頁。

宮入興一（二〇二二）「諫早湾干拓事業――その経緯と問われる行財政の公共性」（日本環境会議（ＪＥＣ）「諫早湾干拓問題検証委員会」報告書、『〝宝の海〟を再び！――日本一の干潟を取り戻そう』）、一―一一頁。

山下弘文（一九九八）『諫早湾ムツゴロウ騒動記――20世紀最大の環境破壊』、南方新社四七―五九頁。

よみがえれ！ 有明訴訟弁護団（二〇二三）「請求異議訴訟の最高裁決定について」一―二頁。

宮入興一（みやいり・こういち）

1942年長野県生まれ。

1964年埼玉大学文理学部経済専攻卒業、1964年三菱銀行勤務、1975年大阪市立大学大学院経済学研究科修士課程修了、経済学修士、1979年大阪市立大学大学院経済学研究科博士課程単位取得退学、1979年長崎大学商科短期大学部講師・助教授・教授、1997年長崎大学経済学部教授、2001年長崎大学名誉教授、2001年愛知大学経済学部教授、2003年愛知大学大学院経済学研究科長、2007年愛知大学大学院院長、2012年同大学定年退職、愛知大学名誉教授。

1988-89年ニューヨーク市立大学客員研究員、1998-2003年日本財政学会理事、1993-99年日本地域経済学会理事、1998-2001年日本地方財政学会理事、2003-23年東海自治体問題研究所理事、2009-17年日本租税理論学会理事、2007-23年東三河くらしと自治研究所代表、2012-23年愛知大学中部地方産業研究所客員所員、同総合郷土研究所客員所員、2015-23年関西学院大学災害復興制度研究所研究員。

著書（共著）

『現代日本地方財政論』有斐閣、1982年、『現代日本の財政問題』ミネルヴァ書房、1983年、『テクノポリスと地域開発』大月書店、1985年、『現代日本財政論』ミネルヴァ書房、1988年、『雲仙・普賢岳火山災害にいどむ』大蔵省印刷局、1994年、『大震災と地方自治——復興への提言』自治体研究社、1996年、『諫早湾干潟の再生と賢明な利用』遊学社、1998年、『ちょっとまて公共事業——環境・福祉の視点から見直す』大月書店、1999年、『市民による諫早干拓「時のアセス」』諫早干潟緊急救済東京事務所、2001年、『地域ルネッサンスとネットワーク』ミネルヴァ書房、2005年、『セミナー現代地方財政Ⅰ』勁草書房、2006年、『現代日本租税論』税務経理協会、2006年、『環境再生のまちづくり——四日市から考える政策提言』ミネルヴァ書房、2008年、『住民がつくる地域自治組織・コミュニティ』自治体研究社、2011年、『災害復興と居住福祉』信山社、2012年、『東日本大震災　住まいと生活の復興』ドメス出版、2013年、『災害復興と自治体——「人間復興」へのみち』自治体研究社、2013年、『Basic　地方財政論』有斐閣、2013年、『東日本大震災後の復興格差の現状と教訓』中部地方産業研究所、2015年、『東日本大震災　復興の検証——どのようにして「惨事便乗型復興」を乗り越えるか』合同出版、2016年、『いのち輝く有明海を——分断・対立を超えて協働の未来選択へ』花乱社、2019年、『現代社会資本論』有斐閣、2020年、『“宝の海”を再び！——日本一の干潟を取り戻そう』日本環境会議、2021年、その他多数。

＊近年は、環境問題、災害問題を主な対象に、維持可能な社会への発展の途を、とくに行財政を含む政策論の立場から追究している。

表紙写真（表１）：毎日新聞社提供
表紙写真（表４）：富永健司氏提供

諫早湾干拓事業の公共性を問う——歴史的経緯とその利権構造をえぐる

2023年8月25日　初版第1刷発行

著者————宮入興一
発行者———平田　勝
発行————花伝社
発売————共栄書房
〒101-0065　東京都千代田区西神田2-5-11 出版輸送ビル2F
電話　03-3263-3813
FAX　03-3239-8272
E-mail　info@kadensha.net
URL　https://www.kadensha.net
振替　00140-6-59661
装幀————佐々木正見
印刷・製本——中央精版印刷株式会社

ISBN978-4-7634-2077-0　C0036